KB087964

#빠르게
#상위권맛보기
#2주+2주_완성
#어려운문제도쉽게

초등
일등전략

Chunjae
Makes
Chunjae

▼

[일등전략] 초등 수학 2-1

기획총괄   김안나
편집개발   이근우, 김정희, 서진호, 김현주, 최수정,
                    김혜민, 박웅, 김정민, 최경환
디자인총괄   김희정
표지디자인   윤순미, 심지영
내지디자인   박희춘, 이혜미
제작   황성진, 조규영

발행일   2022년 12월 1일 초판 2022년 12월 1일 1쇄
발행인   (주)천재교육
주소   서울시 금천구 가산로9길 54
신고번호   제2001-000018호
고객센터   1577-0902

※ 이 책은 저작권법에 보호받는 저작물이므로 무단복제, 전송은 법으로 금지되어 있습니다.

※ 정답 분실 시에는 천재교육 교재 홈페이지에서 내려받으세요.

※ KC 마크는 이 제품이 공통안전기준에 적합하였음을 의미합니다.

※ 주의
   책 모서리에 다칠 수 있으니 주의하시기 바랍니다.
   부주의로 인한 사고의 경우 책임지지 않습니다.
   8세 미만의 어린이는 부모님의 관리가 필요합니다.

일등전략

BOOK1

세 자리 수

덧셈과 뺄셈

곱셈

초등 **수학**

2·1

이 책의 구성과 특징

도입 만화

이번 주에 배울 내용의 핵심을 만화 또는 삽화로
제시하였습니다.

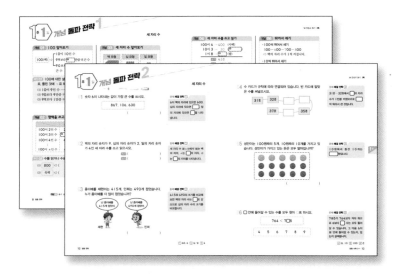

개념 돌파 전략 1, 2

개념 돌파 전략1에서는 단원별로 개념을 설명하고
개념의 원리를 확인하는 문제를 제시하였습니다.
개념 돌파 전략2에서는 개념을 알고 있는지 문제로
확인할 수 있습니다.

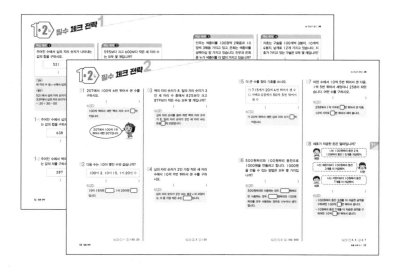

필수 체크 전략 1, 2

필수 체크 전략1에서는 단원별로 나오는 중요한
유형을 반복 연습할 수 있도록 하였습니다.
필수 체크 전략2에서는 추가적으로 나오는 다른
유형을 문제로 확인할 수 있도록 하였습니다.

1주에 3일 구성 + 1일에 6쪽 구성

부록 꼭 알아야 하는 대표 유형집

부록을 뜯으면 미니북으로 활용할 수 있습니다. 대표 유형을 확실하게 익혀 보세요.

주 마무리 평가

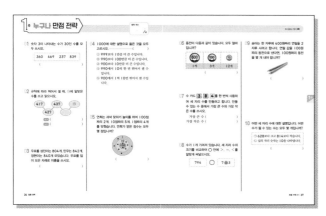

누구나 만점 전략

누구나 만점 전략에서는 주별로 꼭 기억해야 하는 문제를 제시하여 누구나 만점을 받을 수 있도록 하였습니다.

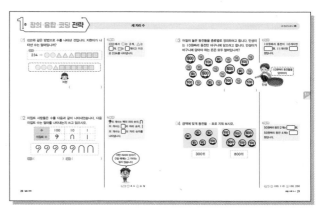

창의·융합·코딩 전략

창의·융합·코딩 전략에서는 새 교육과정에서 제시하는 창의, 융합, 코딩 문제를 쉽게 접근할 수 있도록 하였습니다.

마무리 코너

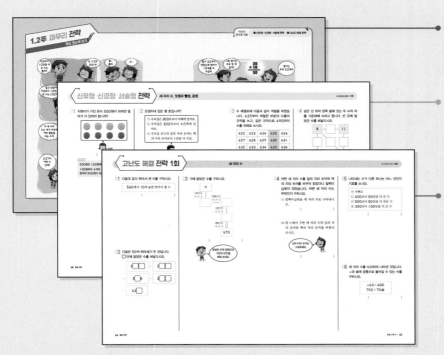

1, 2주 마무리 전략

마무리 전략은 이미지로 정리하여 마무리할 수 있게 하였습니다.

신유형·신경향·서술형 전략

신유형·신경향·서술형 전략은 새로운 유형도 연습하고 서술형 문제에 대한 적응력도 올릴 수 있습니다.

고난도 해결 전략 1회, 2회

실제 시험에 대비하여 연습하도록 고난도 실전 문제를 2회로 구성하였습니다.

이 책의 차례

1~2주 | 마무리 〉 세 자리 수, 덧셈과 뺄셈, 곱셈 58쪽

세 자리 수

개념 01 100 알아보기

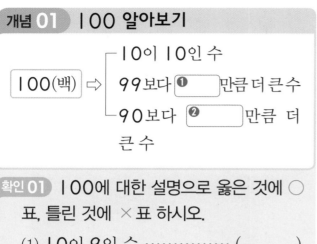

100(백) ⇨
- 10이 10인 수
- 99보다 ❶ 만큼 더 큰 수
- 90보다 ❷ 만큼 더 큰 수

확인 01 100에 대한 설명으로 옳은 것에 ○ 표, 틀린 것에 × 표 하시오.

(1) 10이 9인 수 ············· ( )

(2) 90보다 9만큼 더 큰 수··· ( )

(3) 99보다 1만큼 더 큰 수··· ( )

개념 02 몇백을 쓰고 읽기

	쓰기	읽기
100이 2인 수	200	이백
100이 3인 수	❶	삼백
100이 4인 수	400	❷
⋮	⋮	⋮
100이 ▲인 수	▲00	▲백

확인 02 수를 읽거나 수로 쓰시오.

(1) 800 ⇨ ( )

(2) 육백 ⇨ ( )

개념 03 세 자리 수 알아보기

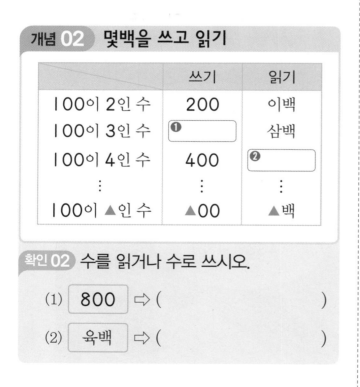

백 모형	십 모형	일 모형
100이 3	10이 4	1이 8

❶

확인 03 수 모형이 나타내는 수를 쓰시오.

(1)

( )

(2)

( )

100이 ■개, 10이 ▲개, 1이 ●개이면 ■▲●입니다.

개념 01 ❶1 ❷10 개념 02 ❶300 ❷사백 개념 03 ❶348

개념 04 세 자리 수를 쓰고 읽기

100이 $4 \rightarrow 400$ (사백)
10이 $3 \rightarrow \ \ 30$ (❶ [　　　])
1이 $8 \rightarrow$ ❷[　　] (팔)

쓰기 438
읽기 사백삼십팔

주의 703과 같이 0이 있는 경우 그 자리는 읽지 않습니다.
$703 \Rightarrow$ 칠백삼 (○)
　　　　칠백영십삼 (×)

확인 04 수로 쓰시오.

(1) [육백오십구] ⇨ (　　　　　　　)

(2) [팔백십] ⇨ (　　　　　　　)

개념 05 각 자리 숫자가 나타내는 값

$5\ 6\ 7$
→ 백의 자리 숫자, 500
→ ❶[　　]의 자리 숫자, 60
→ 일의 자리 숫자, ❷[　　]

확인 05 3이 나타내는 수는 얼마인지 각각 구하시오.

(1) [320] ⇨ (　　　　　　　)

(2) [739] ⇨ (　　　　　　　)

개념 06 뛰어서 세기

· 100씩 뛰어서 세기
$500 - 600 - 700 - 800$
⇨ 백의 자리 수가 1씩 커집니다.

· 10씩 뛰어서 세기
$230 - 240 - 250 - 260$
⇨ 십의 자리 수가 ❶[　　]씩 커집니다.

· 1씩 뛰어서 세기
$723 - 724 - 725 -$ ❷[　　　　]
⇨ 일의 자리 수가 1씩 커집니다.

· 1000 알아보기
$997 - 998 - 999 - 1000$(천)

확인 06 [　] 안에 알맞은 수를 써넣으시오.

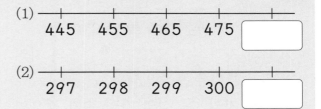

(1) ─┼─────┼─────┼─────┼─────┼─
　　445　455　465　475　[　　]

(2) ─┼─────┼─────┼─────┼─────┼─
　　297　298　299　300　[　　]

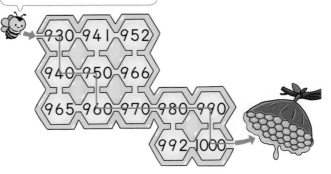

10씩 뛰어 세면서 가야지.

930　941　952
940　950　966
965　960　970　980　990
992　1000

1주

개념 07 수의 크기 비교

- ●는 ▲보다 큽니다. ⇨ ● > ❶ ▢
  큰수   큰수
- ■는 ▲보다 작습니다. ⇨ ■ ❷○ ▲
  큰수   큰수

확인 07 다음을 >, <를 써서 나타내시오.

800은 745보다 큽니다.

( )

개념 08 두 수의 크기 비교하기

① 백의 자리 수가 클수록 큰 수입니다.
② 백의 자리 수가 같으면 ❶ ▢ 의 자리 수가 클수록 큰 수입니다.
③ 백의 자리 수, 십의 자리 수가 같으면 ❷ ▢ 의 자리 수가 클수록 큰 수입니다.
⑩ 253 < 716   682 > 680
   └2<7┘   └2>0┘

확인 08 더 큰 수를 쓰시오.

825, 814

( )

개념 09 세 수의 크기 비교

- 245, 762, 794의 크기 비교하기
① 백의 자리 수를 비교합니다.
   ⇨ 762와 794가 ❶ ▢ 보다 더 큽니다.
② 십의 자리 수를 비교합니다.
   ⇨ ❷ ▢ 가 762보다 더 큽니다.

794 > 762 > 245

확인 09 작은 수부터 차례로 쓰시오.

502, 395, 503

( )

개념 10 수의 크기를 비교하는 문장 문제

큰 수를 찾을 경우	작은 수를 찾을 경우
더 많은	더 적은
더 큰	더 작은
더 높은	더 ❶ ▢
더 ❷ ▢	더 짧은

확인 10 두 마을의 병원의 수가 다음과 같을 때, 어느 마을의 병원 수가 더 많습니까?

가 : 277개   나 : 302개

( )

개념 11 수 카드로 세 자리 수 만들기

· 수 카드 7, 2, 4 를 한 번씩 사용하여 세 자리 수 만들기

① 가장 큰 세 자리 수 만들기

⇨ 큰 수부터 차례로 놓습니다.

7 > 4 > 2 이므로 가장 큰 세

자리 수는 74❶[   ]입니다.

② 가장 작은 세 자리 수 만들기

⇨ 작은 수부터 차례로 놓습니다

2 < 4 < 7 이므로 가장 작은

세 자리 수는 24❷[   ]입니다.

확인 11 수 카드를 한 번씩 사용하여 가장 큰 세 자리 수와 가장 작은 세 자리 수를 만드시오.

6   8   2

(1) 가장 큰 세 자리 수

(   )

(2) 가장 작은 세 자리 수

(   )

1, 2, 3으로 만들 수 있는
세 자리 수는 123, 132, 213,
231, 312, 321입니다.

개념 11 ❶ 2 ❷ 7

개념 12 ☐ 안에 들어갈 수 있는 수

· 567 < 56■

⇨ ■에는 8, ❶[   ]가 들어갈 수 있습니다.

· 3■2 < 337

⇨ ■ = 3이라면 332 < 337이므로 ■에는 3, 2, 1, 0이 들어갈 수 있습니다.

· 697 < ■96

⇨ ■ = 6이라면 697 > 696이므로 ■에는 7, 8, ❷[   ]가 들어갈 수 있습니다.

확인 12 ☐ 안에 들어갈 수 있는 수를 쓰시오.

(1)   818 < 81☐

(   )

(2)   517 > 5☐9

(   )

(3)   892 < ☐89

(   )

개념 12 ❶ 9 ❷ 9

01 숫자 6이 나타내는 값이 가장 큰 수를 쓰시오.

> 867, 106, 630

(   )

문제 **해결 전략** ①

6이 백의 자리에 있으면 600,
십의 자리에 있으면 [   ], 일
의 자리에 있으면 [   ]을 나타
냅니다.

02 백의 자리 숫자가 9, 십의 자리 숫자가 2, 일의 자리 숫자가 4인 세 자리 수를 쓰고 읽으시오.

쓰기 (   )

읽기 (   )

문제 **해결 전략** ②

세 자리 수 ■▲●에서 ■는 백
의 자리, ▲는 [   ]의 자리, ●
는 [   ]의 자리를 나타냅니다.

03 종이배를 재현이는 415개, 민희는 490개 접었습니다. 누가 종이배를 더 많이 접었습니까?

난 종이배를 415개 접었어.

재현

난 종이배를 490개 접었어.

민희

(   )

문제 **해결 전략** ③

415와 490의 크기를 비교해
보면 백의 자리 수는 [   ]로 같
으므로 십의 자리 수의 크기를
비교합니다.

① 60, 6 ② 십, 일 ③ 4

>> 정답과 풀이 **2쪽**

04 수 카드가 규칙에 따라 연결되어 있습니다. 빈 카드에 알맞은 수를 써넣으시오.

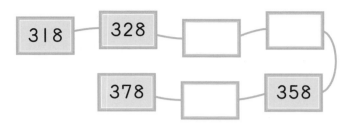

문제 **해결 전략** ④

318 - 328에서 □의 자리 수가 1만큼 커졌으므로 □씩 뛰어서 센 것입니다.

05 성민이는 100원짜리 5개, 10원짜리 10개를 가지고 있습니다. 성민이가 가지고 있는 돈은 모두 얼마입니까?

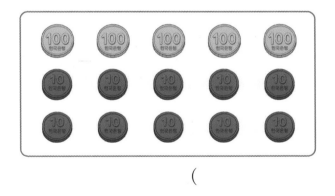

(   )

문제 **해결 전략** ⑤

10원짜리 동전 10개는 □원입니다.

1주

06 □ 안에 들어갈 수 있는 수를 모두 찾아 ○표 하시오.

$$764 < 7\square5$$

| 4 | 5 | 6 | 7 | 8 | 9 |

문제 **해결 전략** ⑥

7■5가 764보다 커야 하므로 6보다 □ 수는 모두 들어갈 수 있습니다. 그 다음 6이 ■ 안에 들어갈 수 있는지, 없는지 살펴봅니다.

④ 십, 10 ⑤ 100 ⑥ 큰

핵심 예제 ①

주어진 수에서 십의 자리 숫자가 나타내는 값의 합을 구하시오.

521	339

( )

전략

세 자리 수 ■▲●에서 십의 자리 숫자는 ▲입니다.

풀이

521에서 십의 자리 숫자가 나타내는 값은 20이고, 339에서 십의 자리 숫자가 나타내는 값은 30입니다.

⇨ 20+30=50

답 50

1-1 주어진 수에서 십의 자리 숫자가 나타내는 값의 합을 구하시오.

638	158

( )

1-2 주어진 수에서 백의 자리 숫자가 나타내는 값의 차를 구하시오.

287	750

( )

핵심 예제 ②

595보다 크고 600보다 작은 세 자리 수는 모두 몇 개입니까?

( )

전략

●보다 크고 ▲보다 작은 수에 ●와 ▲는 포함되지 않습니다.

풀이

595부터 600까지 수를 차례로 세어 보면
595−596−597−598−599−600으로
  595보다 크고 600보다 작은 수
4개입니다.

답 4개

2-1 798보다 크고 805보다 작은 세 자리 수는 모두 몇 개입니까?

( )

2-2 296보다 크고 308보다 작은 세 자리 수는 모두 몇 개입니까?

( )

핵심 예제 **3**

민우는 색종이를 100장씩 2묶음과 10 장씩 3묶음 가지고 있고, 은희는 색종이를 삼백이십 장 가지고 있습니다. 민우과 은희 중 누가 색종이를 더 많이 가지고 있습니까?

( )

전략

100장씩 ■묶음: ■00장 �⎤
10장씩 ▲묶음: ▲0장 ⎦ ⇨ ■▲0장

풀이

민우: 100장씩 2묶음: 200장
　　 10장씩 3묶음: 30장
　　　　　　　　　　 230장

은희: 삼백이십 장 ⇨ 320장

⇨ 230(민우) < 320(은희)

답 은희

3-1 재현이와 민희 중 누가 색종이를 더 많이 가지고 있습니까?

나는 색종이를 100장씩 6묶음과 10장씩 5묶음을 가지고 있어.
재현

나는 육백이십 장을 가지고 있어.
민희

( )

핵심 예제 **4**

지호는 구슬을 100개씩 3봉지, 10개씩 4봉지, 낱개로 12개 가지고 있습니다. 지호가 가지고 있는 구슬은 모두 몇 개입니까?

( )

전략

구슬 12개는 10개씩 1봉지와 낱개 2개와 같습니다.

풀이

100개씩 3봉지: 300개
10개씩 4봉지: 40개
낱개 12개: 12개
　　　　　　 352개

답 352개

1주

4-1 민희는 구슬을 100개씩 5봉지, 10개씩 2봉지, 낱개로 18개 가지고 있습니다. 민희가 가지고 있는 구슬은 모두 몇 개입니까?

( )

4-2 재현이는 구슬을 100개씩 6봉지, 10개씩 13봉지, 낱개로 5개 가지고 있습니다. 재현이가 가지고 있는 구슬은 모두 몇 개입니까?

( )

핵심 예제 ⑤

규칙을 찾아 뛰어서 세어 빈 곳에 알맞은 수를 써넣으시오.

535 — 525 — 515 — □ — □

전략

십의 자리 수가 1씩 작아지고 있습니다.
따라서 10씩 거꾸로(작아지게) 뛰어서 센 규칙입니다.

풀이

535—525—515로 십의 자리 수가 1씩 작아지고 있으므로 10씩 거꾸로(작아지게) 뛰어서 센 것입니다.
따라서 515보다 10만큼 더 작은 수 505, 505보다 10만큼 더 작은 수 495를 차례로 씁니다.

답 505, 495

핵심 예제 ⑥

규칙을 찾아 뛰어서 세어 빈 곳에 알맞은 수를 써넣으시오.

352 — 402 — 452 — □ — □

전략

백의 자리와 십의 자리를 살펴보면
352—402—452로 변하고 있습니다.

풀이

백의 자리와 십의 자리를 살펴보면
352—402—452로 50씩 뛰어서 센 것입니다.
따라서 452보다 50만큼 더 큰 수 502, 502보다 50만큼 더 큰 수 552를 차례로 씁니다.

답 502, 552

5-1 규칙을 찾아 뛰어서 세어 빈 곳에 알맞은 수를 써넣으시오.

829 — 819 — 809 — □ — □

6-1 규칙을 찾아 뛰어서 세어 빈 곳에 알맞은 수를 써넣으시오.

507 — 557 — 607 — □ — □

5-2 규칙을 찾아 뛰어서 세어 빈 곳에 알맞은 수를 써넣으시오.

503 — 502 — 501 — □ — □

6-2 규칙을 찾아 뛰어서 세어 빈 곳에 알맞은 수를 써넣으시오.

211 — 216 — 221 — □ — □

핵심 예제 **7**

326부터 20씩 4번 뛰어서 센 수를 구하
시오.

( )

전략

20씩 뛰어서 세면 십의 자리 수가 2씩 커집니다.

풀이

326−346−366−386−406으로
326부터 20씩 4번 뛰어서 센 수는 406입니다.

답 406

7-1 517부터 20씩 5번 뛰어서 센 수를 구
하시오.

( )

7-2 566부터 20씩 6번 뛰어서 센 수를 구
하시오.

( )

2씩 뛰어서 세면 2, 4, 6, 8, 10, …
또는 1, 3, 5, 7, 9, …입니다.

핵심 예제 **8**

모형 동전 4개 중 3개를 사용하여 나타낼
수 있는 금액을 모두 구하시오.

( )

전략

모형 동전 4개 중 3개를 사용해야 하므로 표를 이용
하여 알아보면 편리합니다.

풀이

100원짜리 동전의 수(개)	1	1	0
10원짜리 동전의 수(개)	1	0	1
1원짜리 동전의 수(개)	1	2	2
금액	111원	102원	12원

답 111원, 102원, 12원

[8-1 ~ 8-2] 다음 모형 동전 중 3개를 사용하여
나타낼 수 있는 금액을 모두 쓰시오.

8-1

( )

8-2

( )

1주

1주 2일 필수 체크 전략 2

01 207에서 100씩 6번 뛰어서 센 수를 구하시오.

( )

Tip 1

100씩 뛰어서 세면 백의 자리 수가 ☐씩 커집니다.

207에서 100씩 1번 뛰어서 세면 307입니다.

02 다음 수는 10이 몇인 수와 같습니까?

> 100이 3, 10이 15, 1이 20인 수

( )

Tip 2

10이 15이면 ☐, 1이 20이면 ☐ 입니다.

03 백의 자리 숫자가 8, 일의 자리 숫자가 3인 세 자리 수 중에서 825보다 크고 879보다 작은 수는 모두 몇 개입니까?

( )

Tip 3

십의 자리 숫자를 ■라 하면 백의 자리 숫자가 8, 일의 자리 숫자가 3인 세 자리 수는 8■☐의 모양입니다.

04 십의 자리 숫자가 2인 가장 작은 세 자리 수에서 10씩 9번 뛰어서 센 수를 구하시오.

( )

Tip 4

십의 자리 숫자가 2인 수는 ■2▲의 모양이고, 이 중 가장 작은 수는 ☐입니다.

Tip ① 1 ② 150, 20

Tip ③ 3 ④ 120

05 더 큰 수를 찾아 기호를 쓰시오.

> ㉠ 715에서 20씩 4번 뛰어서 센 수
> ㉡ 사백오십칠에서 50씩 5번 뛰어서 센 수

(   )

Tip ⑤

㉠ 20씩 뛰어서 세면 십의 자리 수가 ☐씩 커집니다.

06 500원짜리와 100원짜리 동전으로 1000원을 만들려고 합니다. 1000원을 만들 수 있는 방법은 모두 몇 가지입니까?

(   )

Tip ⑥

500원짜리만 사용하는 경우, ☐원짜리만 사용하는 경우, ☐원짜리와 100원짜리를 모두 사용하는 경우로 나누어서 생각합니다.

07 어떤 수에서 10씩 5번 뛰어서 센 다음, 1씩 5번 뛰어서 세었더니 258이 되었습니다. 어떤 수를 구하시오.

(   )

Tip ⑦

258에서 1씩 거꾸로 ☐번 뛰어서 센 다음, 10씩 거꾸로 ☐번 뛰어서 세어 봅니다.

08 세호가 저금한 돈은 얼마입니까?

나는 100원짜리 동전 2개, 10원짜리 동전 15개를 저금했어.
예준

나는 예준이보다 100원짜리 동전 3개를 더 저금했어.
지현

나는 지현이보다 10원짜리 동전 7개를 더 저금했어.
세호

(   )

Tip ⑧

· 100원짜리 동전 3개를 더 저금한 금액을 구하려면 100씩 ☐번 뛰어서 셉니다.
· 10원짜리 동전 7개를 더 저금한 금액을 구하려면 10씩 ☐번 뛰어서 셉니다.

Tip ⑤ 2 ⑥ 100, 500

Tip ⑦ 5, 5 ⑧ 3, 7

1주

핵심 예제 ①

세 자리 수의 크기를 비교한 것입니다. ◯ 안에 들어갈 수 있는 수는 모두 몇 개입니까?

$$7\square6 < 763$$

(   )

[전략]
◯ 안에 6이 들어갈 수 있는지, 없는지 살펴봅니다.

[풀이]
① ◯＝6이라면 766＞763으로 6은 들어갈 수 없습니다.
② 7◯6＜763에서 ◯＜6이므로 ◯＝5, 4, 3, 2, 1, 0이 들어갈 수 있습니다.
따라서 ◯ 안에 들어갈 수 있는 수는 5, 4, 3, 2, 1, 0으로 모두 6개입니다.

답 6개

[1-1 ~ 1-2] 세 자리 수의 크기를 비교한 것입니다. ◯ 안에 들어갈 수 있는 수는 모두 몇 개입니까?

1-1

$$2\square2 < 248$$

(   )

1-2

$$\square79 > 676$$

(   )

핵심 예제 ②

다음은 3명의 학생들이 모은 우표 수인데 수가 하나씩 가려졌습니다. 우표를 많이 모은 사람부터 차례로 이름을 쓰시오.

희진	재현	민정
57◯개	41◯개	40◯개

(   )

[전략]
백의 자리 수부터 차례로 크기를 비교합니다.

[풀이]
백의 자리 수를 비교하면 57◯가 가장 큰 수입니다. 41◯와 40◯의 크기를 비교하면 41◯가 더 큽니다. 따라서 우표를 많이 모은 사람부터 이름을 쓰면 희진, 재현, 민정입니다.

답 희진, 재현, 민정

[2-1 ~ 2-2] 다음은 3명의 학생들이 모은 우표 수인데 수가 하나씩 가려졌습니다. 우표를 많이 모은 사람부터 차례로 이름을 쓰시오.

2-1

정욱	우민	준희
32◯개	4◯0개	38◯개

(   )

2-2

수정	태정	희연
23◯개	18◯개	27◯개

(   )

핵심 예제 ❸

4장의 수 카드 ⬚1⬚, ⬚3⬚, ⬚0⬚, ⬚5⬚ 중에서 3장을 골라 한 번씩만 사용하여 가장 작은 세 자리 수를 만드시오.

(   )

전략

가장 작은 수를 구하려면 작은 수부터 차례로 씁니다. 이때, 0은 맨 앞에 올 수 없음에 주의합니다.

풀이

0<1<3<5이므로 가장 작은 세 자리 수는 103입니다.

답 103

3-1 4장의 수 카드 ⬚4⬚, ⬚3⬚, ⬚0⬚, ⬚9⬚ 중에서 3장을 골라 한 번씩만 사용하여 가장 작은 세 자리 수를 만드시오.

(   )

3-2 4장의 수 카드 ⬚7⬚, ⬚0⬚, ⬚2⬚, ⬚8⬚ 중에서 3장을 골라 한 번씩만 사용하여 두 번째로 작은 세 자리 수를 만드시오.

(   )

핵심 예제 ❹

4장의 수 카드 ⬚0⬚, ⬚1⬚, ⬚3⬚, ⬚5⬚ 중에서 3장을 골라 한 번씩만 사용하여 만들 수 있는 세 자리 수 중에서 300보다 작은 수는 모두 몇 개입니까?

(   )

전략

300보다 작아야 하므로 0, 1, 3, 5 중에서 백의 자리에 올 수 있는 수는 1뿐입니다.

풀이

백의 자리에 올 수 있는 수 카드는 1뿐이므로 1⬚⬚가 될 수 있는 수를 찾아봅니다.
⇨ 103, 105, 130, 135, 150, 153으로 모두 6개입니다.

답 6개

4-1 4장의 수 카드 ⬚0⬚, ⬚2⬚, ⬚4⬚, ⬚9⬚ 중에서 3장을 골라 한 번씩만 사용하여 만들 수 있는 세 자리 수 중에서 400보다 작은 수는 모두 몇 개입니까?

(   )

4-2 4장의 수 카드 ⬚0⬚, ⬚6⬚, ⬚7⬚, ⬚8⬚ 중에서 3장을 골라 한 번씩만 사용하여 만들 수 있는 세 자리 수 중에서 800보다 큰 수는 모두 몇 개입니까?

(   )

1주

핵심 예제 5

백의 자리 숫자가 5, 일의 자리 숫자가 2인 세 자리 수 중에서 545보다 큰 수는 모두 몇 개입니까?

( )

전략

백의 자리 숫자가 5, 일의 자리 숫자가 2인 세 자리 수는 5□2로 나타낼 수 있습니다.

풀이

5□2 > 545가 되는 경우를 살펴보면 5□2는 552, 562, 572, 582, 592로 모두 5개입니다.

답 5개

5-1 백의 자리 숫자가 7, 일의 자리 숫자가 4인 세 자리 수 중에서 763보다 큰 수는 모두 몇 개입니까?

( )

7□4 > 763

5-2 십의 자리 숫자가 3, 일의 자리 숫자가 0인 세 자리 수 중에서 475보다 작은 수는 모두 몇 개입니까?

( )

핵심 예제 6

4장의 수 카드 1 , 2 , 5 , 6 중에서 3장을 골라 한 번씩만 사용하여 세 자리 수를 만들려고 합니다. 십의 자리 숫자가 2인 세 자리 수 중에서 세 번째로 작은 수를 구하시오.

( )

전략

십의 자리 숫자가 2인 세 자리 수는 □2△로 나타낼 수 있습니다.

풀이

1, 2, 5, 6으로 십의 자리 숫자가 2인 세 자리 수를 만들어 보면 125, 126, 521, 526, 621, 625로 세 번째로 작은 수는 521입니다.

답 521

6-1 4장의 수 카드 3 , 4 , 7 , 8 중에서 3장을 골라 한 번씩만 사용하여 세 자리 수를 만들려고 합니다. 십의 자리 숫자가 7인 세 자리 수 중에서 세 번째로 작은 수를 구하시오.

( )

6-2 4장의 수 카드 0 , 2 , 4 , 9 중에서 3장을 골라 한 번씩만 사용하여 세 자리 수를 만들려고 합니다. 일의 자리 숫자가 2인 세 자리 수 중에서 두 번째로 큰 수를 구하시오.

( )

핵심 예제 ❼

큰 수부터 차례로 기호를 쓰시오.

> ㉠ 302보다 100만큼 더 큰 수
> ㉡ 420보다 10만큼 더 작은 수
> ㉢ 352보다 1만큼 더 큰 수

( )

전략

100 큰(작은) 수, 10 큰(작은) 수, 1 큰(작은) 수는 차례로 백, 십, 일의 자리 수가 1 큰(작은) 수입니다.

풀이

㉠ 302보다 100만큼 더 큰 수: 402
㉡ 420보다 10만큼 더 작은 수: 410
㉢ 352보다 1만큼 더 큰 수: 353
⇨ ㉡ 410 > ㉠ 402 > ㉢ 353

답 ㉡, ㉠, ㉢

[7-1 ~ 7-2] 큰 수부터 차례로 기호를 쓰시오.

7-1
> ㉠ 406보다 100만큼 더 큰 수
> ㉡ 558보다 10만큼 더 작은 수
> ㉢ 550보다 1만큼 더 작은 수

( )

7-2
> ㉠ 879보다 100만큼 더 작은 수
> ㉡ 962보다 10만큼 더 큰 수
> ㉢ 959보다 1만큼 더 큰 수

( )

핵심 예제 ❽

어떤 세 자리 수에 대한 설명입니다. 어떤 수를 구하시오.

> ㉠ 603보다 크고 662보다 작습니다.
> ㉡ 백의 자리 숫자와 일의 자리 숫자가 같습니다.
> ㉢ 백의 자리 숫자와 십의 자리 숫자의 합은 14입니다.

( )

전략

㉠ → ㉡ → ㉢ 순서로 알아보는 것이 편리합니다.

풀이

㉠ 603보다 크고 662보다 작으므로 백의 자리 숫자는 6입니다.
㉡ 백의 자리 숫자와 일의 자리 숫자는 같으므로 일의 자리 숫자는 6입니다.
㉢ 백의 자리 숫자와 십의 자리 숫자의 합은 14이므로 십의 자리 숫자는 14−6=8입니다.
⇨ 따라서 세 자리 수는 686입니다.

답 686

8-1 어떤 세 자리 수에 대한 설명입니다. 어떤 수를 구하시오.

> ㉠ 203보다 크고 278보다 작습니다.
> ㉡ 백의 자리 숫자와 십의 자리 숫자가 같습니다.
> ㉢ 십의 자리 숫자와 일의 자리 숫자의 합은 11입니다.

( )

01 세 수의 크기를 비교하여 큰 수부터 차례로 기호를 쓰시오.

> ㉠ 708보다 100만큼 더 작은 수
> ㉡ 698보다 10만큼 더 큰 수
> ㉢ 800보다 1만큼 더 작은 수

(   )

Tip ①

㉠ 708보다 100 작은 수: 708 − ☐08
              − 1

㉡ 698보다 10 큰 수: 698 − 708
             + 1

㉢ 800보다 1 작은 수: ☐

02 4장의 수 카드 ⓪, ④, ⑦, ② 중에서 3장을 골라 한 번씩만 사용하여 세 자리 수를 만들려고 합니다. 만들 수 있는 수 중에서 세 번째로 작은 수를 구하시오.

(   )

Tip ②

가장 작은 수를 구하려면 ☐은 수부터 차례로 씁니다. 이때, ☐은 맨 앞에 올 수 없음에 주의합니다.

03 세 자리 수가 4개 있습니다. 가려진 수가 한 개씩 있을 때, 큰 수부터 차례로 기호를 쓰시오.

> ㉠ 60●   ㉡ 35●
> ㉢ 69●   ㉣ 30●

(   )

Tip ③

네 수의 백의 자리 숫자는 6과 ☐으로 나뉩니다. 나뉜 수끼리 십의 자리 수를 비교해 봅니다.

04 백의 자리 숫자가 2, 일의 자리 숫자가 8인 세 자리 수 중에서 222보다 크고 285보다 작은 수는 모두 몇 개입니까?

(   )

Tip ④

백의 자리 숫자가 2, 일의 자리 숫자가 8인 세 자리 수는 2■☐로 나타낼 수 있습니다.

⇨ 222 < 2■☐ < 285

Tip ① 6, 799 ② 작, 0

Tip ③ 3 ④ 8, 8

05 상자 안에서 공을 3개 꺼내어 공에 적힌 수로 세 자리 수를 만들려고 합니다. 만들 수 있는 세 자리 수는 모두 몇 개입니까?

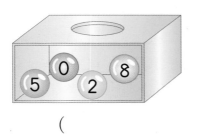

(   )

Tip ⑤

백의 자리 숫자가 2, ☐ , ☐ 일 때로 나누어 세 자리 수를 알아봅니다.

06 다음은 세 자리 수를 비교한 것입니다. ☐ 안에 공통으로 들어갈 수 있는 수를 모두 쓰시오.

4☐8<475, ☐56>423

(   )

Tip ⑥

4■8<475의 ■ 안에 7을 넣어 7이 들어갈 수 있는지, 없는지 알아보고,
■56>423의 ■ 안에 4를 넣어 ☐ 가 들어갈 수 있는지, 없는지 알아봅니다.

07 어떤 세 자리 수에 대한 설명입니다. 어떤 수를 구하시오.

> ㉠ 372보다 크고 420보다 작습니다.
> ㉡ 백의 자리 숫자와 일의 자리 숫자가 같습니다.
> ㉢ 백의 자리 숫자와 십의 자리 숫자의 합은 12입니다.

(   )

Tip ⑦

372보다 크고 ☐ 보다 작으므로 백의 자리 숫자가 3 또는 ☐ 인 경우에서 찾아봅니다.

08 세 자리 수를 적은 종이가 찢어져 백의 자리와 일의 자리 숫자가 보이지 않습니다. 십의 자리 숫자가 4이고, 각 자리 숫자의 합은 11입니다. 백의 자리 숫자가 일의 자리 숫자보다 클 때, 세 자리 수가 될 수 있는 수를 모두 구하시오.

4

(   )

Tip ⑧

세 자리 수가 ■4▲라면
■+4+▲= ☐ 이고, ■> ☐ 입니다.

Tip ⑤ 5, 8 ⑥ 4

Tip ⑦ 420, 4 ⑧ 11, ▲

01 숫자 3이 나타내는 수가 30인 수를 모두 쓰시오.

| 360 | 469 | 237 | 839 |

( )

02 규칙에 따라 뛰어서 셀 때, ㉠에 알맞은 수를 쓰고 읽으시오.

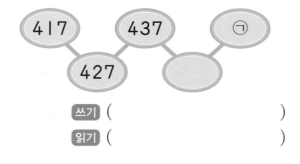

쓰기 ( )

읽기 ( )

03 우표를 성진이는 804개, 민우는 842개, 정현이는 840개 모았습니다. 우표를 많이 모은 차례로 이름을 쓰시오.

( )

04 1000에 대한 설명으로 옳은 것을 모두 고르시오. ·····( )

① 999보다 1만큼 더 큰 수입니다.

② 990보다 100만큼 더 큰 수입니다.

③ 900보다 10만큼 더 큰 수입니다.

④ 990에서 10씩 한 번 뛰어서 센 수입니다.

⑤ 900에서 1씩 10번 뛰어서 센 수입니다.

05 연희는 과녁 맞히기 놀이를 하여 100점짜리 2개, 10점짜리 5개, 1점짜리 4개를 맞혔습니다. 연희가 얻은 점수는 모두 몇 점입니까?

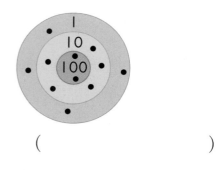

( )

06 동전이 다음과 같이 있습니다. 모두 얼마입니까?

500	100	10
l개	3개	l2개

( )

07 수 카드 3, 8, 4 를 한 번씩 사용하여 세 자리 수를 만들려고 합니다. 만들 수 있는 수 중에서 가장 큰 수와 가장 작은 수를 쓰시오.

가장 큰 수 ( )
가장 작은 수 ( )

08 수가 l개 가려져 있습니다. 세 자리 수의 크기를 비교하여 ◯ 안에 >, =, <를 알맞게 써넣으시오.

794 ◯ 73

09 승아는 한 자루에 400원짜리 연필을 2자루 사려고 합니다. 연필 값을 100원짜리 동전으로 낸다면, 100원짜리 동전을 몇 개 내야 합니까?

( )

10 어떤 세 자리 수에 대한 설명입니다. 어떤 수가 될 수 있는 수는 모두 몇 개입니까?

> ㉠ 628보다 크고 814보다 작습니다.
> ㉡ 십의 자리 숫자는 10을 나타냅니다.

( )

1주 창의·융합·코딩 전략

01 보기와 같은 방법으로 수를 나타낸 것입니다. 지현이가 나타낸 수는 얼마입니까?

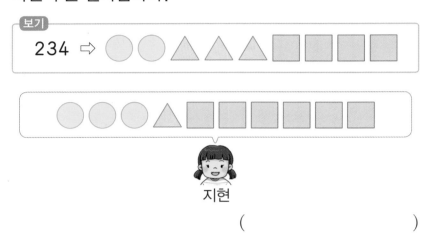

보기

234 ⇨ ○ ○ △ △ △ □ □ □ □

지현

( )

Tip 1

보기에서 ○는 2개, △는 ☐개, ☐는 ☐개이고 이것은 234를 나타냅니다.

02 이집트 사람들은 수를 다음과 같이 나타내었습니다. 다음 이집트 수는 얼마를 나타내는지 쓰고 읽으시오.

수	100	10	1
이집트 수	9	∩		

9 9 9 9 9 9 ∩ ∩

쓰기 ( ) 읽기 ( )

Tip 2

9의 개수는 백의 자리 숫자, ∩의 개수는 ☐의 자리 숫자, |의 개수는 ☐의 자리 숫자를 나타냅니다.

어떤 자리의 숫자가 0일 때에는 그 자리는 읽지 않습니다.

Tip ① 3, 4 ② 십, 일

03 어질러 놓은 동전들을 종류별로 정리하려고 합니다. 민성이는 10원짜리 동전만 바구니에 담으려고 합니다. 민성이가 바구니에 담아야 하는 돈은 모두 얼마입니까?

Tip ③

10원짜리 동전이 10개이면 [ ]원, 11개이면 [ ] 원입니다.

10원짜리 동전들을 담아야지.

민성

(   )

04 금액에 맞게 동전을 ✕표로 지워 보시오.

300원

800원

Tip ④

50원짜리 동전 2개는 [ ]원, 50원짜리 동전 4개는 [ ] 원입니다.

Tip ③ 100, 110 ④ 100, 200

05 22, 101, 252, 393, ...과 같이 수를 거꾸로 읽어도 원래 수와 같은 수를 팔린드롬 수라고 합니다. 백의 자리 숫자가 6인 세 자리 수 중에서 팔린드롬 수는 모두 몇 개입니까?

(   )

Tip ⑤

거꾸로 읽어도 원래 수와 같은 세 자리 수가 되려면 백의 자리 숫자가 6일 때 일의 자리 숫자도 ☐ 이 되어야 합니다.

06 화살표 방향으로 움직일 때 다음과 같은 규칙을 가지고 있습니다. ㉠에 알맞은 수를 구하시오.

→	1만큼 뛰어서 세기
↓	10만큼 뛰어서 세기
←	1만큼 거꾸로 뛰어서 세기
↑	10만큼 거꾸로 뛰어서 세기

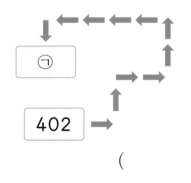

(   )

Tip ⑥

1만큼 거꾸로 뛰어서 세면 일의 자리 숫자가 ☐씩 작아지고, 10만큼 거꾸로 뛰어서 세면 십의 자리 숫자가 ☐씩 작아집니다.

거꾸로 뛰어서 세면 수가 작아집니다.

Tip ⑤ 6 ⑥ 1, 1

07 공을 던져서 선반 위의 물건을 떨어트리면 떨어진 물건에 적혀 있는 점수만큼 얻을 수 있습니다. 공을 3번 던져서 물건 3개를 떨어트렸을 때 얻을 수 있는 점수 중 세 자리 수를 모두 구하시오.

1점   10점   100점   10점   100점   1점

(   )

Tip ⑦

① 100점짜리를 1개 맞히면 10점짜리와 1점짜리를 합쳐서 ☐ 개 맞혀야 합니다.
② 100점짜리를 2개 맞히면 10점짜리와 1점짜리를 합쳐서 ☐ 개 맞혀야 합니다.

세 자리 수를 구해야 하므로 100점짜리를 떨어트렸을 때를 생각합니다.

1주

08 시작 부분에 어떤 수를 넣으면 다음과 같은 순서에 따라 끝 부분으로 결과가 나옵니다. 220을 넣었을 때 결과 값은 얼마입니까?

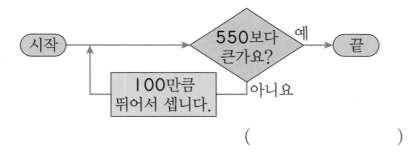

(   )

Tip ⑧

550보다 큰 수가 나올 때까지 ☐ 만큼 계속 뛰어서 셉니다.

2주 덧셈과 뺄셈, 곱셈

개념 01 (몇십몇)＋(몇십몇)

· 64＋79 계산하기

$$\begin{array}{r} 1\ \ \ \\ 6\ 4 \\ +\ 7\ 9 \\ \hline 3 \end{array}$$

일의 자리 수끼리의 합이
4＋9=❶⬚이므로
받아올림합니다.

⇩

$$\begin{array}{r} 1\ \ \ \\ 6\ 4 \\ +\ 7\ 9 \\ \hline 1\ 4\ 3 \end{array}$$

십의 자리의 계산은
1＋6＋7=❷⬚이므
로 받아올림합니다.

확인 01 덧셈을 하시오.

58＋66＝⬚

개념 02 (몇십몇)－(몇십몇)

· 74－38 계산하기

$$\begin{array}{r} 6\ \ 10 \\ \not{7}\ 4 \\ -\ 3\ 8 \\ \hline 6 \end{array}$$

일의 자리에서
4에서 8을 뺄 수 없으므로
받아내림합니다.
10＋4－8=❶⬚

⇩

$$\begin{array}{r} 6\ \ 10 \\ \not{7}\ 4 \\ -\ 3\ 8 \\ \hline 3\ 6 \end{array}$$

십의 자리의 계산은
6－3=❷⬚입니다.

확인 02 뺄셈을 하시오.

52－17＝⬚

개념 03 (몇십)－(몇십몇)

· 60－23 계산하기

$$\begin{array}{r} 5\ \ 10 \\ \not{6}\ 0 \\ -\ 2\ 3 \\ \hline 7 \end{array}$$

빼지는 수의 일의 자리 숫
자가 0이므로 받아내림합
니다.
10－3=❶⬚

⇩

$$\begin{array}{r} 5\ \ 10 \\ \not{6}\ 0 \\ -\ 2\ 3 \\ \hline 3\ 7 \end{array}$$

십의 자리의 계산은
5－2=❷⬚입니다.

확인 03 뺄셈을 하시오.

$$\begin{array}{r} \boxed{\ }\ \boxed{\ } \\ 5\ 0 \\ -\ 1\ 1 \\ \hline \boxed{\ }\ \boxed{\ } \end{array}$$

계산기 두드리는 것보다
빠르게 계산해 보자.

개념 01 ❶13 ❷14 개념 02 ❶6 ❷3   개념 03 ❶7 ❷3

개념 04 여러 가지 방법으로 덧셈하기

• 39+19 계산하기

> 39를 40−1로 생각하여 40에
> 19를 더한 다음 1을 빼는 방법

$$39+19=40-1+19$$
$$=59-\boxed{❶}=58$$

확인 04 49를 50−1로 생각하여 50에 15를 더한 다음 1을 빼는 방법으로 계산하시오.

$$49+15=50-1+15$$
$$=\boxed{}-1=\boxed{}$$

개념 05 여러 가지 방법으로 뺄셈하기

• 52−19 계산하기

> 52에서 20을 먼저 뺀 다음 1을
> 더하는 방법

$$52-19=52-20+1$$
$$=32+\boxed{❶}=33$$

확인 05 43에서 20을 먼저 뺀 다음 1을 더하는 방법으로 계산하시오.

$$43-19=43-20+1$$
$$=\boxed{}+1=\boxed{}$$

개념 06 세 수의 계산

세 수의 계산은 앞에서부터 두 수씩 계산합니다.

$$25+16-14=\boxed{❶}$$
① 41
② 27

$$36-19+24=\boxed{❷}$$
① 17
② 41

확인 06 □ 안에 알맞은 수를 써넣으시오.

(1) $42-14+22=\boxed{}$
①
②

(2) $50+26-19=\boxed{}$
①
②

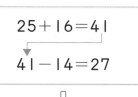

$$25+16=41$$
$$41-14=27$$
⇩
$$25+16-14=27$$

더한 다음 빼는 두 식을
하나의 식으로
나타낼 수 있어요.

개념 07 묶어 세기, 몇 배 알아보기

5씩 3묶음은
5의 3배입니다.

5씩 ❶[   ]묶음 은 15   =   5의 3배는 ❷[   ]

확인 07 □ 안에 알맞은 수를 써넣으시오.

2씩 4묶음은 [   ]   =   2의 4배는 [   ]

개념 08 곱셈식 알아보기

$5 \times 3 = 15$
⇨ 5 곱하기 3은 15와 같습니다.
⇨ 5와 3의 곱은 15입니다.
$5 + 5 + 5 = $ ❶[   ]
⇨ $5 \times $ ❷[   ]$ = 15$

확인 08 □ 안에 알맞은 수를 써넣으시오.
$6 + 6 + 6 + 6 = $ [   ]
⇨ $6 \times 4 = $ [   ]

개념 09 몇의 몇 배인지 알아보기

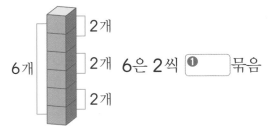

6개 {2개 2개 2개   6은 2씩 ❶[   ]묶음

⇨ 6은 2의 3배입니다.

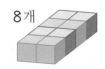

8개   8은 2씩 4묶음

⇨ 8은 2의 4배입니다.

확인 09 오른쪽 쌓기나무 수는 왼쪽 쌓기나무 수의 몇 배인지 구하시오.

(1)

2개   4개

(   )

(2)

3개   9개

(   )

개념 **10** ~만큼 크거나 작은 수 알아보기

• 52보다 35만큼 더 큰 수

⇨ 52＋35＝❶[　　　]

덧셈을 합니다.

• 52보다 35만큼 더 작은 수

⇨ 52－35＝❷[　　　]

뺄셈을 합니다.

확인 10 알맞은 수를 구하시오.

(1)

| 47보다 19만큼 더 큰 수 |

(　　　　　)

(2)

| 82보다 25만큼 더 작은 수 |

(　　　　　)

개념 **11** 식에서 □의 값 구하기

어떤 수에 20을 더하였더니 30이 되었습니다.

⇨ 어떤 수를 □로 하여 식을 씁니다.

□＋20＝30

30－20＝□

□＝10

따라서 어떤 수는 ❶[　　　]입니다.

확인 11 어떤 수에서 25를 뺐더니 11이 되었습니다. 어떤 수를 구하시오.

(　　　　　)

개념 **12** 규칙적인 무늬에서 곱셈 활용하기

사과 모양이 규칙적으로 그려진 종이 위에 색종이를 올려 놓았습니다.

사과 모양은 5개씩 3줄이므로
모두 5×❶[　　　]＝❷[　　　](개)입니다.

확인 12 달 모양이 규칙적으로 그려진 종이 위에 색종이를 올려놓았습니다. 종이에 그려진 달 모양은 몇 개인지 구하시오.

보이지 않아도 모두 몇 개인지 알 수 있어요.

(　　　　　)

개념 **10** ❶87 ❷17   개념 **11** ❶10   개념 **12** ❶3 ❷15

01 수직선을 보고 ◯ 안에 알맞은 수를 써넣으시오.

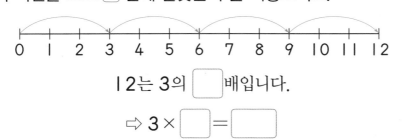

12는 3의 ◻ 배입니다.

⇨ 3 × ◻ = ◻

문제 해결 전략 ①

수직선에서 3씩 ◻ 번 뛰어 12에 도착하였습니다.

02 ◯ 안에 알맞은 수를 써넣으시오.

(1) ◻ + 48 = 70

70 − 48 = ◻

(2) 91 − ◻ = 16

91 − 16 = ◻

문제 해결 전략 ②

덧셈식을 뺄셈식으로 바꾸거나 뺄셈식을 또 다른 뺄셈식으로 바꾸어 계산합니다.

■ + ▲ = ★

◻ − ▲ = ■

03 빨간색 사각형 안에 점이 몇 개 있는지 구하시오.

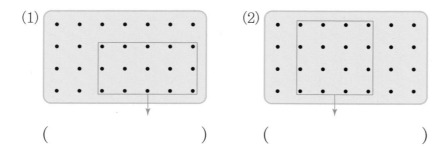

(1)

(   )

(2)

(   )

문제 해결 전략 ③

(1) 가로로 5개, 세로로 3개이면 5 × ◻ 으로 구할 수 있습니다.

(2) 가로로 4개, 세로로 4개이면 4 × ◻ 로 구할 수 있습니다.

1 4   2 ★   3 3, 4

04 길을 따라 계산하시오.

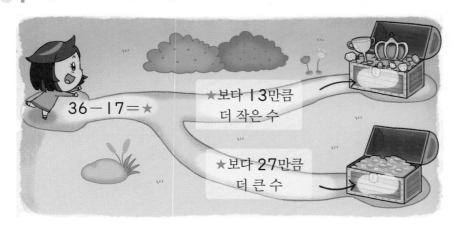

문제 **해결 전략** ④

36−17을 계산하여 ★이 나타내는 수를 구합니다.
길을 따라 결과를 알맞게 써넣습니다.

· ★보다 13만큼 더 작은 수

⇨ ★ − ☐

· ★보다 27만큼 더 큰 수

⇨ ★ + ☐

05 세 수의 계산 결과를 비교하여 ☐ 안에 기호를 알맞게 써넣으시오.

⊙ 72−16+35
ⓒ 67+25−39
ⓒ 59+32−17

⇨ ☐ > ☐ > ☐

문제 **해결 전략** ⑤

세 수의 계산은 앞에서부터 ☐ 수씩 계산합니다.

06 도서관에 만화책이 44권 있었는데 27권이 더 들어왔습니다. 그중 학생들이 38권을 빌려갔다면 도서관에 남아 있는 만화책은 몇 권인지 구하시오.

(   )

문제 **해결 전략** ⑥

44권에서 더 들어온 만화책의 수 27권을 더하고 빌려 간 만화책의 수 38권은 뺍니다.

44 + 27 − ☐

④ 13, 27 ⑤ 두 ⑥ 38

2주

핵심 예제 1

가장 큰 수와 가장 작은 수의 합을 구하시오.

33	27	35	29

( )

전략

십의 자리 수를 비교하면 33과 35가 27, 29보다 더 큽니다.
$33 < 35$, $27 < 29$

풀이

$35 > 33 > 29 > 27$
$\Rightarrow 35 + 27 = 62$

답 62

1-1 가장 큰 수와 가장 작은 수의 합을 구하시오.

54	16	34

( )

1-2 가장 큰 수와 가장 작은 수의 합을 구하시오.

11	27	96	33

( )

핵심 예제 2

□ 안에 알맞은 수를 써넣으시오.

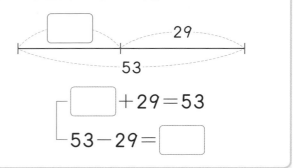

$$\square + 29 = 53$$
$$53 - 29 = \square$$

전략

덧셈식을 뺄셈식으로 바꾸어 □ 안에 알맞은 수를 구합니다.

풀이

$\square + 29 = 53$
$53 - 29 = \square$, $\square = 24$

답 24, 24, 24

2-1 □ 안에 알맞은 수를 써넣으시오.

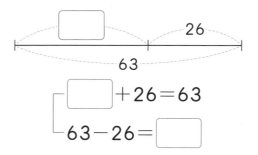

$$\square + 26 = 63$$
$$63 - 26 = \square$$

2-2 □ 안에 알맞은 수를 써넣으시오.

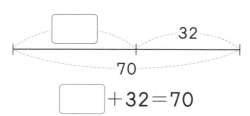

$$\square + 32 = 70$$

핵심 예제 ❸

곱셈식에서 ☐ 안에 알맞은 수를 구하시오.

$$\boxed{} \times 3 = 21$$

(   )

전략

☐×3은 ☐+☐+☐와 같습니다.
따라서 ☐+☐+☐=21입니다.

풀이

☐가 1이면 1+1+1=3 ⎫ +3
☐가 2이면 2+2+2=6 ⎭ +3
☐가 3이면 3+3+3=9
⋮   ⋮
☐가 7이면 7+7+7=21
따라서 ☐는 7입니다.

답 7

3-1 곱셈식에서 ☐ 안에 알맞은 수를 구하시오.

$$\boxed{} \times 5 = 20$$

(   )

3-2 곱셈식에서 ☐ 안에 알맞은 수를 구하시오.

$$\boxed{} \times 4 = 24$$

(   )

핵심 예제 ❹

다음 수를 구하시오.

2의 4배보다 8만큼 더 큰 수

(   )

전략

2의 4배는 2×4=8입니다.
~만큼 더 큰 수를 구할 때에는 덧셈을 합니다.

풀이

2×4 ⇨ 2+2+2+2=8
8보다 8만큼 더 큰 수는 8+8=16입니다.

답 16

4-1 다음 수를 구하시오.

3의 3배보다 7만큼 더 큰 수

(   )

4-2 다음 수를 구하시오.

5의 3배보다 16만큼 더 큰 수

(   )

2주

핵심 예제 5

대화를 보고 두 사람의 나이를 차례로 쓰시오.

> 저는 초등학생이고 8살이에요.

> 내 나이는 네 나이의 2배야.

(   ), (   )

전략
한 사람은 8살이고, 다른 한 사람의 나이는 8살의 2배입니다.

풀이
8살의 2배 ⇨ 8×2 ⇨ $8 + 8 = 16$
다른 한 사람의 나이는 16살입니다.

답 8살, 16살

핵심 예제 6

1부터 9까지의 수 중에서 ☐ 안에 들어갈 수 있는 수를 모두 쓰시오.

$$75 - 26 > \boxed{}5$$

(   )

전략
>의 왼쪽에 있는 $75 - 26$의 결과를 알아보고 ☐ 안에 들어갈 수 있는 수를 구합니다.

풀이
$75 - 26 = 49$
⇨ $49 > \boxed{}5$
$49 < 55$, $49 > 45$, $49 > 35$, ... 이므로 ☐ 안에 들어갈 수 있는 숫자는 4, 3, 2, 1입니다.

답 1, 2, 3, 4

5-1 대화를 보고 두 사람의 나이를 차례로 쓰시오.

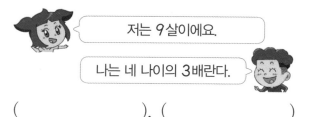
> 저는 9살이에요.

> 나는 네 나이의 3배란다.

(   ), (   )

6-1 1부터 9까지의 수 중에서 ☐ 안에 들어갈 수 있는 수를 모두 쓰시오.

$$84 - 28 > \boxed{}7$$

(   )

5-2 대화를 보고 두 사람의 나이를 차례로 쓰시오.

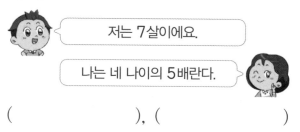
> 저는 7살이에요.

> 나는 네 나이의 5배란다.

(   ), (   )

6-2 1부터 9까지의 수 중에서 ☐ 안에 들어갈 수 있는 수를 모두 쓰시오.

$$76 - 47 < \boxed{}3$$

(   )

핵심 예제 **7**

어떤 수에 29를 더해야 하는데 잘못하여 빼었더니 16이 되었습니다. 바르게 계산하면 얼마인지 구하시오.

(   )

전략

16에 29를 더하여 어떤 수를 구합니다.

(어떤 수)$-29=16$

$16+29=$(어떤 수)

어떤 수에 29를 더하여 바르게 계산한 결과를 구합니다.

풀이

$16+29=45$이므로 어떤 수는 45입니다.

$\Rightarrow 45+29=74$

답 74

7-1 어떤 수에 22를 더해야 하는데 잘못하여 빼었더니 39가 되었습니다. 바르게 계산하면 얼마인지 구하시오.

(   )

7-2 어떤 수에 56을 더해야 하는데 잘못하여 빼었더니 24가 되었습니다. 바르게 계산하면 얼마인지 구하시오.

(   )

핵심 예제 **8**

지효는 하루에 젤리를 2개씩 먹었고, 성민이는 하루에 지효의 2배만큼 먹었습니다. 성민이가 3일 동안 먹은 젤리는 몇 개인지 구하시오.

(   )

전략

성민이가 하루에 먹은 젤리의 수를 구한 다음 하루에 먹은 수의 3배를 구합니다.

풀이

성민이가 하루에 먹은 젤리의 수는
2의 2배이므로 $2\times2 \Rightarrow 2+2=4$(개)입니다.
성민이가 3일 동안 먹은 젤리의 수는
$4\times3 \Rightarrow 4+4+4=12$(개)입니다.

답 12개

8-1 미연이는 하루에 젤리를 3개씩 먹었고 승훈이는 하루에 미연이의 2배만큼 먹었습니다. 승훈이가 4일 동안 먹은 젤리는 몇 개인지 구하시오.

(   )

8-2 다희는 하루에 젤리를 4개씩 먹었고 선재는 하루에 다희의 2배만큼 먹었습니다. 선재가 3일 동안 먹은 젤리는 몇 개인지 구하시오.

(   )

2주

01 수직선을 보고 ☐ 안에 알맞은 수를 써넣으시오.

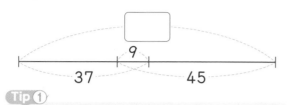

Tip ①

37보다 9만큼 더 작은 수와 45를 더합니다.

⇨ (37보다 9만큼 더 작은 수)+ ☐

02 가장 큰 수와 두 번째로 큰 수의 차를 구하시오.

| 72 | 55 | 13 | 24 |

( )

Tip ②

십의 자리 수를 비교해 보면
72 > 55 > 24 > 13입니다.
따라서 가장 큰 수는 72이고 두 번째로 큰 수는 ☐ 입니다.

03 1부터 9까지의 수 중에서 ☐ 안에 들어갈 수 있는 수를 모두 구하시오.

$6 \times$ ☐ < 20

( )

Tip ③

$6 \times 1 \Rightarrow 6 < 20$
$6 \times 2 \Rightarrow 6 + 6 = 12 < 20$
$6 \times 3 \Rightarrow 6 + 6 + 6 = 18 < 20$
$6 \times 4 \Rightarrow 6 + 6 + 6 + 6 =$ ☐ > 20

04 다음 쌓기나무 층수의 4배만큼 쌓으려고 합니다. 쌓기나무를 몇 층으로 쌓아야 하는지 구하시오.

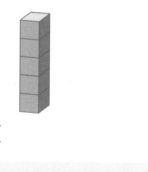

( )

Tip ④

쌓기나무가 몇 층으로 쌓여 있는지 알아보고 ☐ 배를 합니다.

Tip ① 45 ② 55

Tip ③ 24 ④ 4

05 1부터 9까지의 수 중에서 ☐ 안에 들어갈 수 있는 수를 모두 쓰시오.

$$31 + \boxed{}9 < 80$$

(   )

Tip 5

☐ 안에 수를 넣어 보면서 계산해 봅니다.
31＋19＝50이므로 80보다 작습니다.
31＋29＝☐이므로 80보다 작습니다.

06 어떤 수에 36을 더해야 하는데 잘못하여 63을 더했더니 91이 되었습니다. 바르게 계산하면 얼마인지 구하시오.

(   )

Tip 6

어떤 수를 먼저 구한 다음 바르게 계산합니다.
(어떤 수)＋63＝91
⇨ 91－☐＝(어떤 수)

07 다음을 보고 마지막 사람이 가지고 있는 연필은 몇 자루인지 구하시오.

 연필을 3자루 가지고 있어요.

연필을 윗사람의 2배만큼 가지고 있어요.

 위의 두 사람이 가지고 있는 연필을 합한 수의 2배만큼 가지고 있어요.

(   )

Tip 7

두 번째 사람이 가지고 있는 연필은 3자루의 2배입니다.
첫 번째 사람과 두 번째 사람이 가지고 있는 연필 수의 합을 구한 다음 ☐배를 합니다.

08 성민이는 한 봉지에 6개씩 들어 있는 군밤을 5봉지 가지고 있습니다. 군밤을 21개 먹었을 때 남은 군밤은 몇 개인지 구하시오.

(   )

Tip 8

가지고 있던 군밤이 모두 몇 개인지 알아보고 먹은 군밤의 수인 ☐을 뺍니다.

2주

Tip ⑤ 60 ⑥ 63

Tip ⑦ 2 ⑧ 21

핵심 예제 ❶

덧셈식에서 ☐ 안에 알맞은 수를 구하시오.

$$
\begin{array}{r}
2\ 8 \\
+\ 1\ \boxed{} \\
\hline
4\ 3
\end{array}
$$

(   )

전략

일의 자리의 계산에서 $8+\square$가 3이 될 수 없으므로 $8+\square$를 13이라고 생각합니다.

풀이

$8+\square=13$, $\square=5$ ⇨

$$
\begin{array}{r}
2\ 8 \\
+\ 1\ 5 \\
\hline
4\ 3
\end{array}
$$

답 5

핵심 예제 ❷

계산이 잘못되었습니다. 바른 답을 구하시오.

$$53-16+25=12$$
$$41$$
$$12$$

(   )

전략

앞에서부터 순서대로 계산하였는지 알아봅니다.

풀이

$$53-16+25=62$$
$$37$$
$$62$$

답 62

1-1 덧셈식에서 ☐ 안에 알맞은 수를 써넣으시오.

$$
\begin{array}{r}
3\ 7 \\
+\ \boxed{}\ \boxed{} \\
\hline
6\ 5
\end{array}
$$

1-2 뺄셈식에서 ☐ 안에 알맞은 수를 써넣으시오.

$$
\begin{array}{r}
5\ \boxed{} \\
-\ 1\ 5 \\
\hline
\boxed{}\ 7
\end{array}
$$

2-1 계산이 잘못되었습니다. 바른 답을 구하시오.

$$43-14+17=12$$
$$31$$
$$12$$

(   )

2-2 계산이 잘못되었습니다. 바른 답을 구하시오.

$$96-29-27=94$$
$$2$$
$$94$$

(   )

핵심 예제 ③

구슬의 수로 알맞은 것을 모두 찾아 기호를 쓰시오.

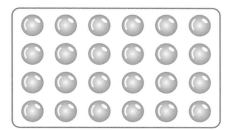

㉠ 2×9 ㉡ 4×6

㉢ 8×3 ㉣ 9×5

(   )

전략

■ × ▲ ⇨ 구슬이 ■씩 ▲묶음이 되는지 알아봅니다.

풀이

구슬은 2씩 묶으면 12묶음이고, 9씩 묶으면 남는 것이 생깁니다.

㉡ 4씩 6묶음   ㉢ 8씩 3묶음

답 ㉡, ㉢

3-1 구슬의 수로 알맞은 것을 찾아 기호를 쓰시오.

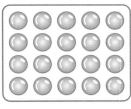

㉠ 4×5

㉡ 5×4

㉢ 3×7

(   )

핵심 예제 ④

나타내는 수가 가장 큰 것을 찾아 기호를 쓰시오.

㉠ 5의 4배

㉡ 7씩 2묶음

㉢ 3의 6배

(   )

전략

나타내는 수를 구하여 크기를 비교합니다.

풀이

㉠ 5의 4배 ⇨ 5×4, $5+5+5+5=20$

㉡ 7씩 2묶음 ⇨ 7×2, $7+7=14$

㉢ 3의 6배 ⇨ 3×6,
            $3+3+3+3+3+3=18$

답 ㉠

4-1 나타내는 수가 가장 큰 것을 찾아 기호를 쓰시오.

㉠ 7의 3배

㉡ 4의 4배

㉢ 6의 3배

(   )

4-2 나타내는 수가 가장 작은 것을 찾아 기호를 쓰시오.

㉠ 9의 3배

㉡ 4의 6배

㉢ 6의 5배

(   )

2주

핵심 예제 ⑤

수 카드 7, 6, 5, 1을 한 번씩 사용하여 합이 가장 큰 식을 만들고 계산하시오.

전략

합이 가장 큰 식을 만들어야 하므로 십의 자리에 큰 수를 넣습니다.

풀이

$7 > 6 > 5 > 1$이므로 십의 자리에 7, 6을, 일의 자리에 5, 1을 넣습니다.

답 예

```
  7 5        7 1
+ 6 1   또는  + 6 5
1 3 6        1 3 6
```

5-1 5, 4, 6, 4를 한 번씩 사용하여 합이 가장 큰 식을 만들고 계산하시오.

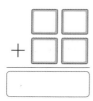

5-2 3, 5, 9, 4를 한 번씩 사용하여 합이 가장 작은 식을 만들고 계산하시오.

핵심 예제 ⑥

만두가 한 봉지에 6개씩 4봉지 있습니다. 이 만두를 한 봉지에 8개씩 다시 담으면 몇 봉지가 되는지 구하시오.

( )

전략

6개씩 4봉지는 몇 개인지 알아보고 8개씩 묶으면 모두 몇 묶음이 되는지 알아봅니다.

풀이

6개씩 4봉지 ⇨ 6×4, $6+6+6+6 = 24$
$8 \times \square = 24$일 때 $\square$에 알맞은 수를 구합니다.
$8+8+8 = 24$이므로 $8 \times 3 = 24$입니다.
따라서 8개씩 다시 담으면 3봉지가 됩니다.

답 3봉지

6-1 만두가 한 봉지에 8개씩 2봉지 있습니다. 이 만두를 한 봉지에 4개씩 다시 담으면 몇 봉지가 되는지 구하시오.

( )

6-2 색연필이 한 상자에 9자루씩 2상자 있습니다. 색연필을 한 상자에 6자루씩 다시 넣으면 몇 상자가 되는지 구하시오.

( )

핵심 예제 7

딱지를 우성이는 미호보다 12장 더 많이 가지고 있고, 진수는 우성이보다 19장 더 많이 가지고 있습니다. 미호가 가지고 있는 딱지가 15장일 때 진수가 가지고 있는 딱지는 몇 장인지 구하시오.

( )

전략

우성이가 가지고 있는 딱지 수: 15+12(장)
진수가 가지고 있는 딱지 수:
⇨ (우성이가 가진 딱지 수)+19(장)

풀이

우성이가 가지고 있는 딱지 수는 15+12=27(장),
진수가 가지고 있는 딱지 수는 27+19=46(장)
입니다.

답 46장

7-1 색종이를 선재는 은빈이보다 15장 더 많이 가지고 있고, 형식이는 선재보다 15장 더 많이 가지고 있습니다. 은빈이가 가지고 있는 색종이가 11장일 때 형식이가 가지고 있는 색종이 수를 구하시오.

( )

7-2 구슬을 정원이는 영준이보다 23개 더 많이 가지고 있고, 성호는 정원이보다 31개 더 많이 가지고 있습니다. 영준이가 가지고 있는 구슬이 28개일 때 성호가 가지고 있는 구슬 수를 구하시오.

( )

핵심 예제 8

4와 어떤 수의 곱은 12입니다. 어떤 수와 6의 곱은 얼마인지 구하시오.

( )

전략

어떤 수를 ▢라고 하면 4×▢=12입니다.
▢에 알맞은 수를 구한 다음 6을 곱합니다.

풀이

4+4+4=12이므로 4×3=12입니다.
어떤 수는 3이므로 어떤 수와 6의 곱은
3×6=18입니다.

답 18

8-1 7과 어떤 수의 곱은 14입니다. 어떤 수와 5의 곱은 얼마인지 구하시오.

어떤 수를 ▢라고 하면 7×▢=14예요.

( )

8-2 9와 어떤 수의 곱은 27입니다. 어떤 수와 4의 곱은 얼마인지 구하시오.

( )

2주

01 □ 안에 알맞은 수를 구하시오.

$$7 \times \blacktriangle = 28$$
$$\blacktriangle \times 2 = \boxed{}$$

(   )

Tip ①

7을 몇 번 더해야 28이 되는지 알아보면
▲를 구할 수 있습니다.

$$7+7+7+7=28$$

□ 번 더합니다.

02 가지고 있는 물고기의 수를 나타낸 것입니다. 수가 다른 고양이를 찾아 기호를 쓰시오.

가   나   다

(   )

Tip ②

■의 ▲배, ■개씩 ▲묶음 ⇨ ■ × □

03 같은 모양은 같은 수를 나타냅니다. ▲, ★, ◉가 어떤 수인지 각각 구하시오.

▲ (   )

★ (   )

◉ (   )

Tip ③

일의 자리의 계산에서 7 + ◉는 5가 될 수 없으므로 받아올림이 있습니다. □
에 주의하여 어떤 수인지 알아봅니다.

04 도넛이 3개씩 들어 있는 상자가 4개 있습니다. 이 도넛을 한 상자에 6개씩 넣으려면 상자는 몇 개 필요한지 구하시오.

(   )

Tip ④

3개씩 □ 상자는 모두 몇 개인지 알아보고,
이 수는 6을 몇 번 더하였을 때 나오는 수인지 구합니다.

Tip ① 4 ② ▲   **Tip** ③ 받아올림 ④ 4

05 우진이는 색연필을 2자루씩 5묶음 가지고 있고, 현수는 3자루의 3배만큼 가지고 있습니다. 색연필을 더 많이 가지고 있는 사람은 누구인지 쓰시오.

(   )

Tip ⑤

2자루씩 5묶음과 3자루의 ☐배를 구하여 수를 비교합니다.

06 수 카드 3장 중에서 2장을 골라 두 자리 수를 만들려고 합니다. 만들 수 있는 가장 큰 수와 두 번째로 큰 수의 차를 구하시오.

8   **1**   **7**

(   )

Tip ⑥

8, 1, 7의 크기를 비교하여 가장 큰 두 자리 수부터 차례로 만들어 봅니다.

8 7 , ☐ , 7 8 , 7 1 ,
1 8 , 1 7

07 한 원 안에 있는 네 수의 합은 같습니다. ㉠과 ㉡에 알맞은 수를 각각 구하시오.

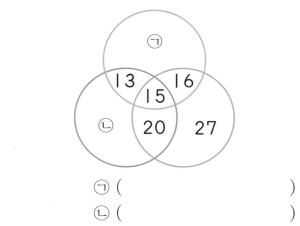

㉠ (   )
㉡ (   )

Tip ⑦

오른쪽 아래 빨간색 원 안의 수들을 더하여 한 원 안에 있는 네 수의 합을 알아봅니다.

$\Rightarrow$ 15+16+20+27= ☐

08 4장의 수 카드 중에서 2장을 골라 합을 구하려고 합니다. 합이 90에 가장 가까운 두 수를 쓰시오.

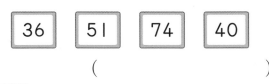

(   )

Tip ⑧

두 수의 합을 어림하여 가장 ☐에 가까운 두 수를 구합니다.

Tip ⑤ 3 ⑥ 81

Tip ⑦ 78 ⑧ 90

01 ㉠의 길이는 ㉡의 길이의 몇 배인지 구하시오.

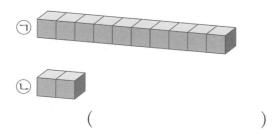

㉠

㉡

(   )

02 ☐ 안에 알맞은 수를 써넣으시오.

$$\begin{array}{r} \boxed{}\,5 \\ -\ 1\,\boxed{} \\ \hline 3\ \ 9 \end{array}$$

03 크기를 비교하여 ◯ 안에 >, =, <를 알맞게 써넣으시오.

$$85-36 \quad \bigcirc \quad 27+27$$

04 결과가 같은 것끼리 이으시오.

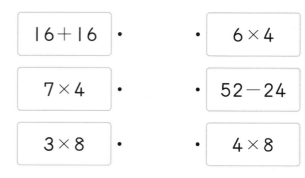

16+16 ·	· 6×4
7×4 ·	· 52−24
3×8 ·	· 4×8

05 다음을 읽고 어떤 수를 구하시오.

어떤 수보다 25만큼 더 작은 수는 39입니다.

(   )

06 5씩 4묶음과 값이 다른 하나를 찾아 기호를 쓰시오.

> ㉠ 5의 4배
> ㉡ 5+5+5+5
> ㉢ 4+4+4+4+4
> ㉣ 5보다 4만큼 더 큰 수

(   )

07 연필을 이용하여 다음과 같은 모양을 3개 만들려고 합니다. 곱셈식을 쓰고 필요한 연필은 모두 몇 자루인지 구하시오.

곱셈식

답

08 ☐ 안에 알맞은 두 수의 합을 구하시오.

$$33 - 15 = \boxed{}, \quad 7 \times 3 = \boxed{}$$

(   )

09 다음 수 카드 중에서 두 장을 뽑아 곱을 구하려고 합니다. 만들 수 있는 가장 큰 곱을 쓰시오.

3   2   9

(   )

10 ▲가 될 수 있는 수를 모두 쓰시오.

> ▲5는 두 자리 수입니다.
> 40에서 ▲5를 빼면 10보다 큽니다.

(   )

01 합이 34인 두 수와 합이 46인 두 수를 모두 찾아 선으로 이으시오.

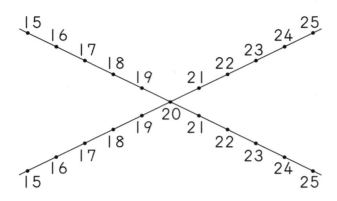

Tip①

15와 더하여 34가 되는 수는
34−15=☐ 입니다.
21과 더하여 46이 되는 수는
46−21=☐ 입니다.

02 펜토미노는 사각형 모양 조각 5개를 붙여서 만든 도형입니다. ☐ 안에 알맞은 수를 써넣고, 사용한 펜토미노 도형에 맞게 오른쪽 모양을 나누시오.

Tip②

펜토미노는 똑같은 사각형 조각을 5개 붙인 도형이므로 만든 모양이 ☐씩 몇 묶음인지 알아보고 나누어 봅니다.

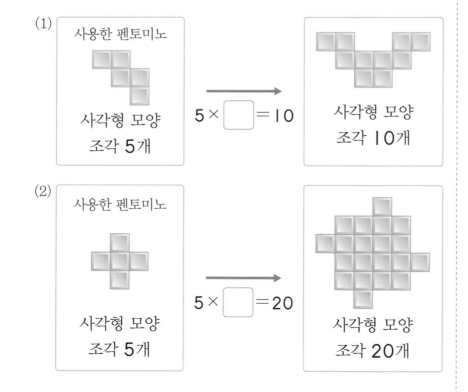

(1) 사용한 펜토미노

사각형 모양 조각 5개 → 5×☐=10 → 사각형 모양 조각 10개

(2) 사용한 펜토미노

사각형 모양 조각 5개 → 5×☐=20 → 사각형 모양 조각 20개

Tip ① 19, 25 ② 5

03 규칙에 따라 빈칸에 알맞은 수를 써넣으시오.

- 오른쪽 수는 바로 왼쪽의 수의 2배입니다.
- 아래쪽 수는 바로 위쪽의 수보다 19만큼 더 큽니다.

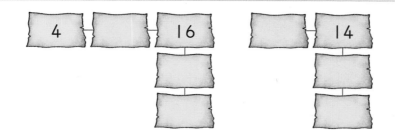

Tip ③

4 — 8
×2

4+4=8이므로 4×2=☐ 입니다.

16
35 +19

⇨ 위의 수에 ☐ 를 더합니다.

04 두 사람이 공깃돌 가져가기 게임을 합니다. 방법에 따라 게임을 했을 때 이기는 사람을 찾아 쓰시오.

게임 방법

① 순서에 따라 번갈아 가면서 정해진 수만큼 공깃돌을 가져갑니다.

② 남은 공깃돌이 정해진 수보다 적으면 가져갈 수 없습니다.

③ 공깃돌을 가져 갈 수 없으면 게임에서 집니다.

(1)
공깃돌을 2개씩 가져갑니다.

(   )

(2)
공깃돌을 3개씩 가져갑니다.

공깃돌 15개

(   )

Tip ④

(1) 공깃돌 8개를 2개씩 가져가므로 공깃돌을 2씩 묶으면 ☐ 묶음이 됩니다.

(2) 공깃돌 15개를 3개씩 가져가므로 공깃돌을 3씩 묶으면 ☐ 묶음이 됩니다.

Tip ③ 8, 19 ④ 4, 5

05 판다가 뺄셈을 하여 대나무 숲에 쓰여 있는 수가 되는 길로 가려고 합니다. 어느 길로 가야 하는지 표시하시오.

Tip ⑤

$64 - 37 = \boxed{}$,

$64 - 16 = \boxed{}$ 입니다.

결과에서 어떤 수를 더 빼야 23이 되는지 알아봅니다.

06 같은 모양은 같은 수를 나타냅니다. 35, 25, 50 중에서 모양이 나타내는 수를 찾아 이으시오.

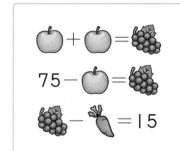

 •   • 35

 •   • 25

 •   • 50

Tip ⑥

배 2개를 더하여 포도가 되었으므로 35, 25, 50을 두 번 더한 결과가 주어져 있는지 알아봅니다.

$35 + 35 = 70$ (없음)

$25 + 25 = \boxed{}$ (있음)

$50 + 50 = 100$ (없음)

따라서 배는 25,

포도는 $\boxed{}$ 입니다.

Tip ⑤ 27, 48 ⑥ 50, 50

07 계산기에 있는 수 중 ○표 한 수를 한 번씩 눌러 뺄셈을 했습니다. 결과를 보고 뺄셈식의 □ 안에 알맞은 수를 써넣으시오.

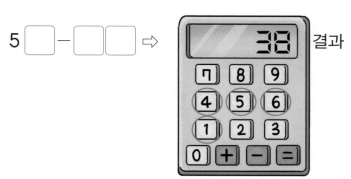

결과

Tip ⑦
5□에서 어떤 수를 뺐을 때 결과가 □입니다.
빼는 수의 십의 자리 숫자를 예상해 보고 맞는지 확인해 봅니다.

2주

08 순서에 따라 계산하시오.

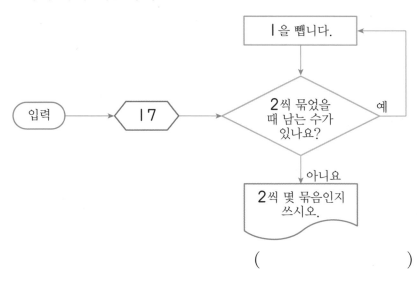

(   )

Tip ⑧
2씩 묶었을 때 남는 수가 있으면 1을 뺍니다. 17은 남는 수가 있으므로 □을 빼고 2씩 몇 묶음인지 알아봅니다.

Tip ⑦ 38 ⑧ 1

01 지현이가 가진 돈이 **500원**이 되려면 얼마가 더 있어야 합니까?

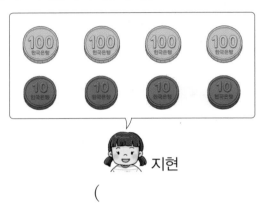

지현

(   )

Tip ①

500원은 100원짜리 ☐개입니다.

100원짜리 4개와 10원짜리 4개에 얼마를 합쳐야 500원이 되는지 알아봅니다.

02 은정이네 집은 몇 호입니까?

ㄱ 우리집은 **303**호보다 아래에 있어요.
ㄴ 우리집은 **202**호보다 오른쪽에 있어요.
ㄷ 우리집 호수의 일의 자리 숫자는 백의 자리 숫자보다 **1**만큼 더 커요.

은정

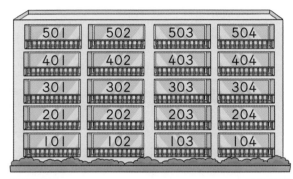

501	502	503	504
401	402	403	404
301	302	303	304
201	202	203	204
101	102	103	104

왼쪽   오른쪽

(   )

Tip ②

일의 자리 숫자는 백의 자리 숫자보다 1만큼 크므로 10☐호, 20☐호, 30☐호 중에서 찾습니다.

Tip ① 5

Tip ② 2, 3, 4

03 수 배열표에 다음과 같이 색칠을 하였습니다. 625부터 색칠한 부분의 수들의 규칙을 쓰고, 같은 규칙으로 490부터 수를 차례로 쓰시오.

622	623	624	625	626
627	628	629	630	631
632	633	634	635	636
637	638	639	640	641
642	643	644	645	646

규칙 _____

_____

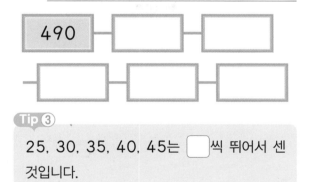

490

Tip 3

25, 30, 35, 40, 45는 □씩 뛰어서 센 것입니다.

04 같은 선 위의 양쪽 끝에 있는 두 수의 차를 가운데에 쓰려고 합니다. 빈 곳에 알맞은 수를 써넣으시오.

Tip 4

큰 수에서 □은 수를 뺍니다.

05 동전 8개를 사용하여 1000원을 만들려고 합니다. ○ 안에 10, 50, 100, 500 중에서 알맞은 금액을 써넣어 1000원을 만드시오.

Tip ⑤

100원짜리를 8개 사용하면 ☐ 원 밖에 안 되므로 ☐ 원을 꼭 사용해야 합니다.

06 ㉮에서 출발하여 ㉯를 거쳐 ㉰까지 길을 따라가는 방법은 모두 몇 가지입니까? (단, 되돌아오는 것은 생각하지 않습니다.)

(1)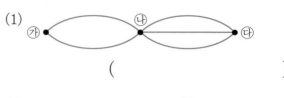

(   )

(2)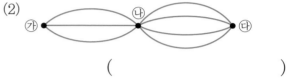

(   )

Tip ⑥

• 다음과 같은 길에서 갈 수 있는 방법은 몇 가지인지 구하기

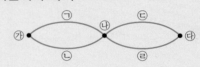

㉮에서 ㉯로 가는 길: 2가지
㉯에서 ㉰로 가는 길: 2가지
➡ ㉮에서 ㉰까지 가는 방법의 수:
2 × ☐ = ☐ (가지)

참고 ㉠ → ㉢, ㉠ → ㉣, ㉡ → ㉢, ㉡ → ㉣의 방법으로 갈 수 있습니다.

Tip ⑤ 800, 500

Tip ⑥ 2, 4

07 같은 물건은 같은 수를 나타냅니다. 빈칸에 지우개, 풀, 가위 중에서 알맞은 이름을 쓰시오.

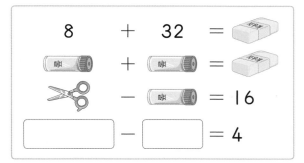

Tip 7

① 지우개 → 풀 → [ ] 순으로 물건이 나타내는 수를 구합니다.

② 지우개, 풀, 가위가 나타내는 수의 차가 [ ]가 되는 물건을 찾습니다.

08 보기 와 같이 표의 빈칸에 알맞은 수를 써넣고 곱셈식으로 나타내시오.

보기

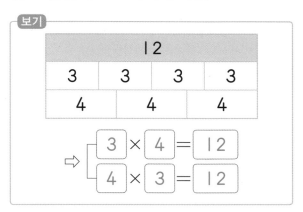

(1)

24					
4	4	4	4	4	4

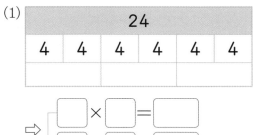

(2)

36			
9	9	9	9

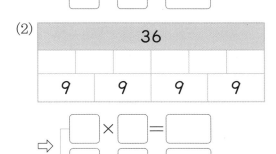

Tip 8

곱셈식은 같은 수를 여러 번 더하는 것을 간단하게 나타내는 식입니다.

■를 ▲번 더하면 ■ × [ ]로 나타냅니다.

01 다음과 같이 뛰어서 센 수를 구하시오.

540에서 10씩 6번 뛰어서 센 수

(   )

02 다음은 50씩 뛰어세기 한 것입니다.
☐ 안에 알맞은 수를 써넣으시오.

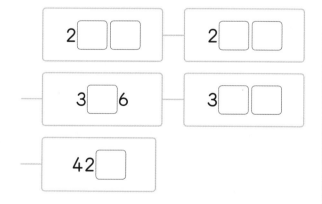

03 가에 알맞은 수를 구하시오.

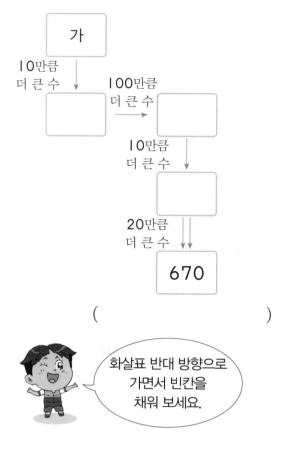

(   )

화살표 반대 방향으로 가면서 빈칸을 채워 보세요.

04 어떤 세 자리 수를 일의 자리 숫자와 백의 자리 숫자를 바꾸어 읽었더니 칠백이십육이 되었습니다. 어떤 세 자리 수는 무엇인지 구하시오.

(1) 칠백이십육을 세 자리 수로 나타내시오.

( )

(2) 위 (1)에서 구한 세 자리 수의 일의 자리 숫자와 백의 자리 숫자를 바꿔서 쓰시오.

십의 자리 숫자는 그대로예요.

( )

05 나타내는 수가 다른 하나는 어느 것인지 기호를 쓰시오.

> ㉠ 사백오
> ㉡ 400보다 50만큼 더 큰 수
> ㉢ 500보다 50만큼 더 작은 수
> ㉣ 350보다 100만큼 더 큰 수

( )

06 세 자리 수를 비교하여 나타낸 것입니다. ▲와 ■에 공통으로 들어갈 수 있는 수를 구하시오.

> ▲63 < 400
> 702 < 70■

( )

07 과일가게에 귤이 100개씩 들어 있는 상자 4개와 10개씩 들어 있는 바구니 20개가 있습니다. 이 중에서 300개를 팔았다면 남은 귤은 몇 개인지 구하시오.

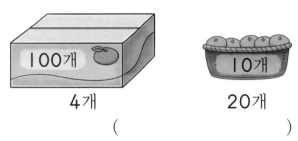

4개   20개

(   )

08 ㉠, ㉡, ㉢에 알맞은 수 중에서 가장 큰 수는 무엇인지 기호를 쓰시오.

> ㉠ 672에서 숫자 6이 나타내는 수
> ㉡ 339에서 100씩 2번 뛰어서 센 수
> ㉢ 수 카드 1 , 5 , 3 으로 만들 수 있는 가장 작은 세 자리 수

(   )

09 설명에 알맞은 세 자리 수를 모두 구하려고 합니다. 물음에 답하시오.

> • 백의 자리 숫자와 십의 자리 숫자는 같습니다.
> • 400보다 작습니다.
> • 일의 자리 숫자는 5입니다.

(1) 400보다 작은 세 자리 수의 백의 자리 숫자가 될 수 있는 수를 모두 쓰시오.

(   )

(2) 위 (1)에서 구한 백의 자리 숫자를 이용하여 설명에 알맞은 세 자리 수를 모두 구하시오.

(   )

10 316보다 크고 507보다 작은 세 자리 수 중에서 십의 자리 숫자가 0인 수는 몇 개인지 구하시오.

(   )

11 설명에 알맞은 수는 모두 몇 개인지 구하시오.

- 세 자리 수입니다.
- 각 자리의 숫자는 모두 다릅니다.
- 810보다 크고 820보다 작습니다.

(   )

12 1과 7 두 수를 사용하여 세 자리 수를 만들려고 합니다. 한 수를 두 번까지 사용할 수 있을 때 만들 수 있는 세 자리 수를 모두 구하시오.

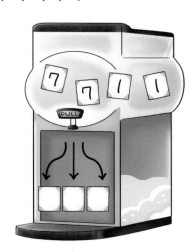

7을 두 번 사용하는 경우, 1을 두 번 사용하는 경우로 나누어 생각해 보세요.

_____

_____

고난도 해결 전략 2회

01 ☐ 안에 알맞은 수를 써넣으시오.

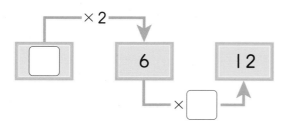

02 ☐ 안에 들어갈 수 있는 한 자리 수는 모두 몇 개인지 구하시오.

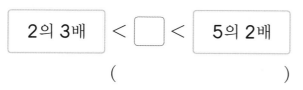

( )

03 보기와 같이 필요 없는 수와 기호에 ✕표 하시오.

보기
$$3+1\times 2=4$$

$$31-6-4-5=22$$

04 그림을 보고 ■에 알맞은 수를 구하시오.

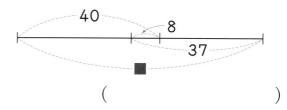

( )

>> 정답과 풀이 **19쪽**

05 ㉠과 ㉡에 알맞은 수의 차를 구하시오.

$$26+5=17+㉠$$
$$88+㉡=36+55$$

( )

06 면봉을 사용하여 오각형을 만들었습니다. 오각형을 7개 만들려면 면봉이 몇 개 필요한지 구하시오.

( )

07 같은 모양은 같은 수를 나타낼 때 모양이 나타내는 수를 구하려고 합니다. 물음에 답하시오. (단 ■는 0이 아닙니다.)

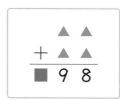

(1) 십의 자리의 계산에서 백의 자리로 받아올림이 있습니까?

( )

(2) ☐ 안에 알맞은 수를 써넣으시오.

▲ + ▲ = ☐

(3) ▲와 ■에 알맞은 수를 각각 구하시오.

▲ ( )

■ ( )

08 사탕이 20개 있었습니다. 3명이 3개씩 나누어 먹었다면 남은 사탕은 몇 개인지 구하시오.

(   )

09 두 사람이 각각 가지고 있는 수 카드의 차는 서로 같습니다. 승아가 가지고 있는 카드의 수 중에서 모르는 수가 될 수 있는 수를 모두 구하시오.

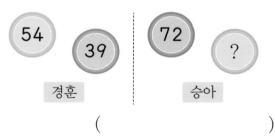

(   )

10 막대 사탕 1개와 우유 1팩을 고르는 방법은 모두 몇 가지인지 구하려고 합니다. 물음에 답하시오.

⑴ 막대 사탕 1개를 골랐을 때 고를 수 있는 우유는 몇 가지입니까?

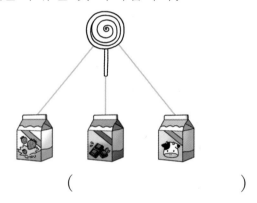

(   )

⑵ 곱하기를 이용하여 모두 몇 가지인지 구하시오.

☐×☐=☐(가지)

11 수 카드 2장을 뽑아 곱셈식을 만들 때 나올 수 있는 가장 큰 곱과 가장 작은 곱의 차를 구하시오.

$$\boxed{2},\boxed{3},\boxed{4},\boxed{5},\boxed{6}$$

(   )

12 4명이 가위바위보를 합니다. 2명이 가위를 내고 이겼을 때 4명이 펼친 손가락은 모두 몇 개인지 구하시오.

(   )

13 영미는 공깃돌을 한성이보다 5개 더 많이 가지고 있었습니다. 영미가 가지고 있던 공깃돌 중에서 9개를 한성이에게 주었더니 한성이의 공깃돌은 17개가 되었습니다. 영미에게 남아 있는 공깃돌은 몇 개인지 구하시오.

(   )

우리 아이만
알고 싶은
상위권의
시작

최고수준

완 성

초등수학

5-1

최고를
경험해 본 아이의 성취감은
학년이 오를수록
빛을 발합니다

* 1~6학년 / 학기 별 출시
동영상 강의 제공

book.chunjae.co.kr

교재 내용 문의	····················	교재 홈페이지 ▶ 초등 ▶ 교재상담
교재 내용 외 문의	····················	교재 홈페이지 ▶ 고객센터 ▶ 1:1문의
발간 후 발견되는 오류	·············	교재 홈페이지 ▶ 초등 ▶ 학습지원 ▶ 학습자료실

일등공략 필승학습!
단기간에 끝장내자!

초등 **수학**
2·1

BOOK 2
진도북

천재교육

일등전략

BOOK2

여러 가지 도형

길이 재기

분류하기

초등 **수학**

2·1

이 책의 구성과 특징

도입 만화

이번 주에 배울 내용의 핵심을 만화 또는 삽화로
제시하였습니다.

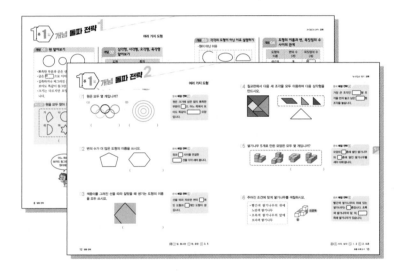

개념 돌파 전략 1, 2

개념 돌파 전략1에서는 단원별로 개념을 설명하고
개념의 원리를 확인하는 문제를 제시하였습니다.
개념 돌파 전략2에서는 개념을 알고 있는지 문제로
확인할 수 있습니다.

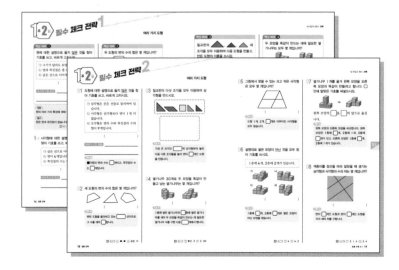

필수 체크 전략 1, 2

필수 체크 전략1에서는 단원별로 나오는 중요한
유형을 반복 연습할 수 있도록 하였습니다.
필수 체크 전략2에서는 추가적으로 나오는 다른
유형을 문제로 확인할 수 있도록 하였습니다.

부록 꼭 알아야 하는 대표 유형집

부록을 뜯으면 미니북으로 활용할 수 있습니다. 대표 유형을 확실하게 익혀 보세요.

주 마무리 평가

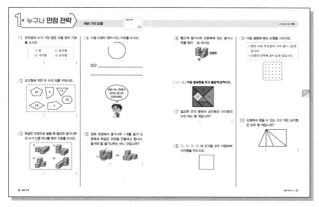

누구나 만점 전략

누구나 만점 전략에서는 주별로 꼭 기억해야 하는 문제를 제시하여 누구나 만점을 받을 수 있도록 하였습니다.

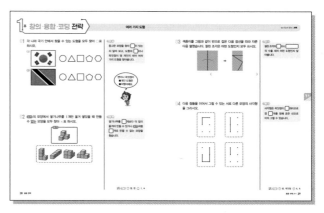

창의·융합·코딩 전략

창의·융합·코딩 전략에서는 새 교육과정에서 제시하는 창의, 융합, 코딩 문제를 쉽게 접근할 수 있도록 하였습니다.

마무리 코너

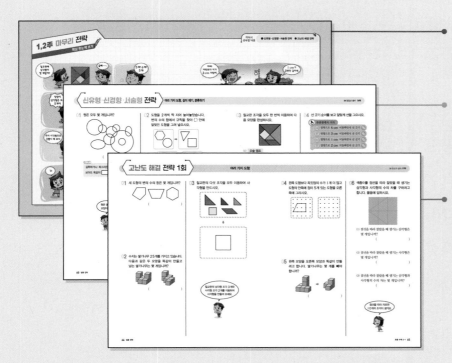

1, 2주 마무리 전략

마무리 전략은 이미지로 정리하여 마무리할 수 있게 하였습니다.

신유형·신경향·서술형 전략

신유형·신경향·서술형 전략은 새로운 유형도 연습하고 서술형 문제에 대한 적응력도 올릴 수 있습니다.

고난도 해결 전략 1회, 2회

실제 시험에 대비하여 연습하도록 고난도 실전 문제를 2회로 구성하였습니다.

이 책의 차례

1~2주 | **마무리** 〉 여러 가지 도형, 길이 재기, 분류하기 58쪽

1 주

여러 가지 도형

개념 01 원 알아보기

- 뾰족한 부분과 곧은 선이 없습니다.
- 굽은 **❶**   으로 이어져 있습니다.
- 길쭉하거나 찌그러진 곳 없이 어느 쪽에서 보아도 똑같이 동그란 모양입니다.
- 크기는 다르지만 모양이 서로 **❷**   습니다.

확인 01 원을 모두 찾아 기호를 쓰시오.

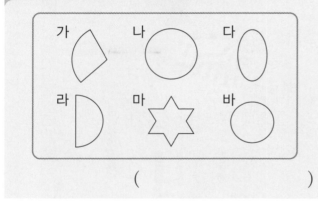

(   )

어느 쪽에서 보아도 동그란 모양이 원이에요.

개념 02 삼각형, 사각형, 오각형, 육각형 알아보기

도형	특징
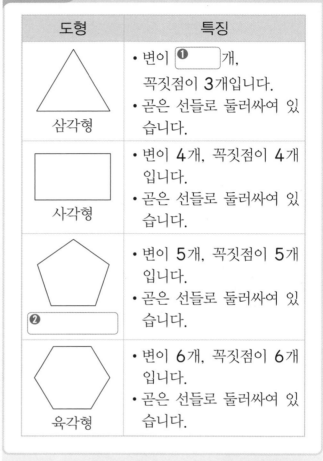 삼각형	• 변이 **❶** 개, 꼭짓점이 3개입니다. • 곧은 선들로 둘러싸여 있습니다.
사각형	• 변이 4개, 꼭짓점이 4개입니다. • 곧은 선들로 둘러싸여 있습니다.
❷	• 변이 5개, 꼭짓점이 5개입니다. • 곧은 선들로 둘러싸여 있습니다.
육각형	• 변이 6개, 꼭짓점이 6개입니다. • 곧은 선들로 둘러싸여 있습니다.

확인 02 ☐ 안에 알맞은 수나 말을 써넣으시오.

(1)

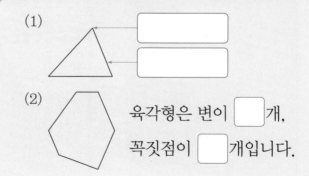

(2) 육각형은 변이 ☐개, 꼭짓점이 ☐개입니다.

답 개념 01 ❶ 선 ❷ 같

답 개념 02 ❶ 3 ❷ 오각형

개념 03 각각의 도형이 아닌 이유 설명하기

• 원이 아닌 이유

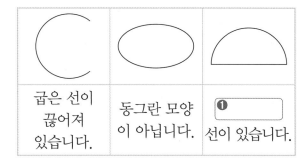

| 굽은 선이 끊어져 있습니다. | 동그란 모양이 아닙니다. | **❶** 선이 있습니다. |

• 삼각형, 사각형, 오각형이 아닌 이유

| 곧지 **❷** 선이 있습니다. | 굽은 선들로 둘러싸여 있습니다. | 완전히 둘러싸여 있지 않습니다. |

확인 03 다음 도형이 사각형이 아닌 이유를 설명하시오.

사각형은 꼭짓점이 ☐ 개여야 하는데 꼭짓점이 ☐ .

개념 04 도형의 이름과 변, 꼭짓점의 수 사이의 관계

도형의 이름	변의 수 (개)	꼭짓점의 수 (개)
삼각형	3	**❶**
사각형	4	4
오각형	5	5
육각형	**❷**	6

■각형 ⇨ 변이 ■개, 꼭짓점이 ■개

확인 04 두 도형의 변의 수는 모두 몇 개인지 ☐ 안에 알맞은 수를 써넣으시오.

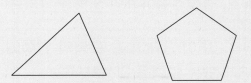

삼각형의 변의 수는 ☐ 개이고, 오각형의 변의 수는 ☐ 개이므로 모두 ☐ 개입니다.

삼각형, 사각형, 오각형, ...의 변의 수는 3, 4, 5, ...개이고, 꼭짓점의 수는 3, 4, 5, ...개야.

개념 05 조건에 맞는 도형 그리기

· 변이 4개이고, 도형의 안쪽에 점이 4개 있는 도형 그리기

변이 4개인 도형은 ❶[   ]입니다.

따라서 안쪽에 점이 4개 있는

❷[   ]을 그립니다.

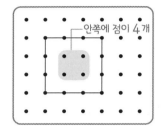

안쪽에 점이 4개

4개의 점을 골라 곧은 선으로 이어서 변이 4개, 꼭짓점이 4개인 도형을 그립니다.

확인 05 변이 3개이고, 도형의 안쪽에 점이 3개 있는 도형을 완성하시오.

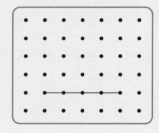

삼각형, 사각형, …을 그릴 때는 꼭짓점을 3개, 4개, … 정해 곧은 선으로 이어서 그려요.

개념 06 칠교판으로 도형 만들기

칠교판으로 도형을 만들 때에는 가장 큰 조각의 위치부터 정한 후 도형을 만듭니다.

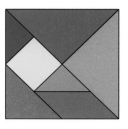

· 칠교판 조각 , , 으로 삼각형과 사각형 만들기

가장 큰 ❶[   ]색 삼각형을 먼저 놓습니다.

〈삼각형〉   〈❷[   ]각형〉

가장 큰 조각을 먼저 놓고 나머지 조각을 놓으면 도형을 만들기 쉬워요.

확인 06 다음 칠교판 조각을 모두 이용하여 사각형을 만드시오.

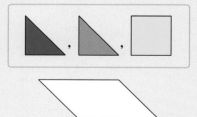

개념 07 쌓기나무의 위치

오른쪽
앞

· 빨간색 쌓기나무의 왼쪽에 파란색 쌓기나무가 있습니다.
· 빨간색 쌓기나무의 위에 ❶ [   ]색 쌓기나무가 있습니다.
· 빨간색 쌓기나무의 ❷ [   ]에 노란색 쌓기나무가 있습니다.

확인 07 설명하는 쌓기나무에 ○표 하시오.

오른쪽
앞

빨간색 쌓기나무의 앞에 있는 쌓기나무

개념 08 쌓기나무로 만든 모양 설명하기

오른쪽
앞

Ⅰ층에 ㄴ 모양으로 3개 —Ⅰ층 설명— 를 놓고, 맨 뒤의 쌓기나무 위에 쌓기나무 ❶ [   ] —2층 설명—

개를 놓아 ❷ [   ]층인 집 모양을 만들었습니다.

확인 08 ☐ 안에 알맞은 수를 써넣으시오.

오른쪽
앞

Ⅰ층에 쌓기나무 ☐개가 옆으로 나란히 있고, 빨간색 쌓기나무 위에 쌓기나무 ☐개가 있습니다.

개념 09 크고 작은 도형의 수

> 도형 Ⅰ개, 2개, 3개, ...로 이루어진 도형을 각각 찾아 그 개수를 더합니다.

· 크고 작은 사각형 찾기

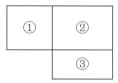
① ②
③

사각형 Ⅰ개로 이루어진 사각형

① ② ③ ⇨ ❶ [   ]개

사각형 2개로 이루어진 사각형

① ②   ② ③ ⇨ ❷ [   ]개

⇨ 크고 작은 사각형은 모두 5개입니다.

확인 09 그림에서 찾을 수 있는 크고 작은 삼각형은 모두 몇 개인지 ☐ 안에 알맞은 수를 써넣으시오.

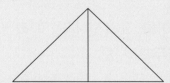

삼각형 Ⅰ개로 이루어진 삼각형은 ☐개이고, 삼각형 2개로 이루어진 삼각형은 ☐개이므로 크고 작은 삼각형은 모두 ☐개입니다.

01 원은 모두 몇 개입니까?

(1)

(2)

(   )   (   )

문제 **해결 전략** ①

원은 크기에 상관 없이 뾰족한 부분이 □고, 어느 쪽에서 보아도 똑같이 ▢ 모양입니다.

02 변의 수가 더 많은 도형의 이름을 쓰시오.

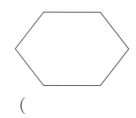

(   )

문제 **해결 전략** ②

점과 □ 사이를 연결한 ▢ 선을 각각 세어 봅니다.

03 색종이를 그려진 선을 따라 잘랐을 때 생기는 도형의 이름을 모두 쓰시오.

(   )

문제 **해결 전략** ③

선을 따라 자르면 변이 □개인 도형과 □개인 도형이 생깁니다.

답 ① 없, 동그란 ② 점, 곧은 ③ 3, 5

04 칠교판에서 다음 세 조각을 모두 이용하여 다음 삼각형을 만드시오.

 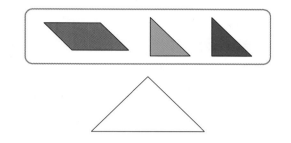

문제 해결 전략 4

가장 큰 조각인 ◻️형 조각을 먼저 놓고 남은 ◻️형 조각을 놓습니다.

05 쌓기나무 5개로 만든 모양은 모두 몇 개입니까?

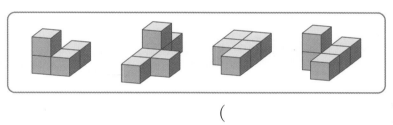

(   )

문제 해결 전략 5

모양의 ◻️층에 쌓인 쌓기나무와 ◻️층에 쌓인 쌓기나무를 세어 더해 봅니다.

1주

06 주어진 조건에 맞게 쌓기나무를 색칠하시오.

- 빨간색 쌓기나무의 위에 노란색 쌓기나무
- 초록색 쌓기나무의 앞에 보라색 쌓기나무

오른쪽

앞

문제 해결 전략 6

빨간색 쌓기나무의 위에 있는 쌓기나무는 ◻️층입니다. 초록색 쌓기나무의 앞, 뒤, ◻️쪽에 쌓기나무가 있습니다.

답 4 사각, 삼각   5 1, 2   6 2, 오른

1주 2일 〉 필수 체크 전략 1

핵심 예제 1

원에 대한 설명으로 옳지 <u>않은</u> 것을 찾아 기호를 쓰고, 바르게 고치시오.

> ㉠ 크기가 달라도 모양은 같습니다.
> ㉡ 변과 꼭짓점은 셀 수 없이 많습니다.
> ㉢ 굽은 선으로 이어져 있습니다.

(   )

바르게 고친 문장 _____

_____

전략
원의 여러 가지 특징에 대해 생각해 봅니다.

풀이
원은 변과 꼭짓점이 없습니다.

답 ㉡, 예 변과 꼭짓점이 없습니다.

1-1 사각형에 대한 설명으로 옳지 <u>않은</u> 것을 찾아 기호를 쓰고, 바르게 고치시오.

> ㉠ 굽은 선으로 이어져 있습니다.
> ㉡ 변이 4개입니다.
> ㉢ 꼭짓점의 수는 변의 수와 같습니다.

(   )

바르게 고친 문장 _____

_____

핵심 예제 2

두 도형의 변의 수의 합은 몇 개입니까?

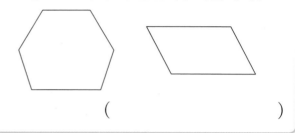

(   )

전략
곧은 선은 몇 개인지 세어 봅니다.

풀이
곧은 선을 세어 보면 왼쪽 도형은 6개, 오른쪽 도형은 4개입니다.
⇨ $6+4=10$(개)

답 10개

2-1 두 도형의 변의 수의 합은 몇 개입니까?

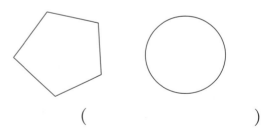

(   )

2-2 두 도형의 변의 수의 합은 몇 개입니까?

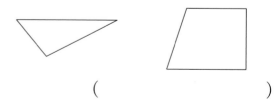

(   )

핵심 예제 ❸

칠교판의 , 세 조각을 모두 이용하여 다음 도형을 만들고, 만든 도형의 이름을 쓰시오.

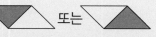

(   )

전략

가장 큰 조각을 먼저 놓아 봅니다.

풀이

가장 큰 조각을 놓으면 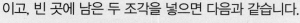 또는 이고, 빈 곳에 남은 두 조각을 넣으면 다음과 같습니다.

⇨ 만든 도형은 변이 4개이므로 사각형입니다.

답 풀이 참조, 사각형

3-1 칠교판의 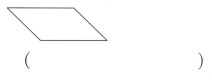 네 조각을 모두 이용하여 다음 도형을 만들고, 만든 도형의 이름을 쓰시오.

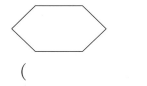

(   )

3-2 칠교판의  세 조각을 모두 이용하여 다음 도형을 만들고, 만든 도형의 이름을 쓰시오.

(   )

핵심 예제 ❹

두 모양을 똑같이 만드는 데에 필요한 쌓기나무는 모두 몇 개입니까?

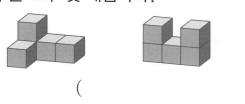

(   )

전략

1층과 2층에 쌓은 쌓기나무 수를 각각 세어 봅니다.

풀이

왼쪽 모양: 1층에 4개, 2층에 1개 → 5개
오른쪽 모양: 1층에 3개, 2층에 2개 → 5개
따라서 모두 5+5=10(개)가 필요합니다.

답 10개

1주

4-1 두 모양을 똑같이 만드는 데에 필요한 쌓기나무는 모두 몇 개입니까?

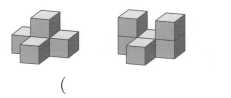

(   )

4-2 두 모양을 똑같이 만드는 데에 필요한 쌓기나무는 모두 몇 개입니까?

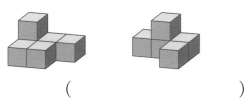

(   )

핵심 예제 ❺

오른쪽 그림에서 찾을 수 있는 크고 작은 사각형은 모두 몇 개입니까?

(   )

전략

사각형 1개, 2개, 3개로 이루어진 사각형의 수를 세어 봅니다.

풀이

사각형 1개로 이루어진 사각형:
①, ②, ③ → 3개
사각형 2개로 이루어진 사각형:
②③ → 1개
사각형 3개로 이루어진 사각형: ①②③ → 1개
⇨ 3＋1＋1＝5(개)

답 5개

5-1 그림에서 찾을 수 있는 크고 작은 사각형은 모두 몇 개입니까?

(   )

5-2 그림에서 찾을 수 있는 크고 작은 사각형은 모두 몇 개입니까?

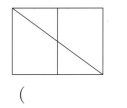

(   )

핵심 예제 ❻

설명대로 쌓은 모양이 아닌 것을 찾아 기호를 쓰시오.

1층에 3개, 2층에 1개가 있습니다.

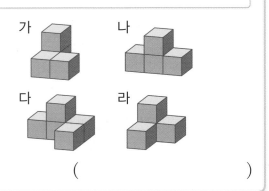

가   나

다   라

(   )

전략

1층에 쌓은 쌓기나무 수부터 비교해 봅니다.

풀이

다: 1층에 4개, 2층에 1개가 있습니다.

답 다

6-1 설명대로 쌓은 모양이 아닌 것을 찾아 기호를 쓰시오.

1층에 4개, 2층에 1개가 있습니다.

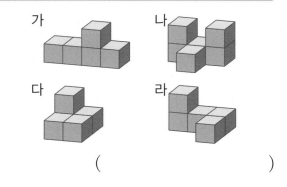

가   나

다   라

(   )

핵심 예제 7

왼쪽 모양을 오른쪽 모양과 똑같이 만들려고 합니다. 왼쪽 모양에서 빼야 하는 쌓기나무를 모두 찾아 ×표 하시오.

전략

어느 자리에 있는 쌓기나무를 빼야 오른쪽 모양이 되는지 알아봅니다.

풀이

1층에 있는 쌓기나무가 5개에서 3개가 되었으므로 1층의 2개를 빼야 합니다.

답

7-1 왼쪽 모양을 오른쪽 모양과 똑같이 만들려고 합니다. 왼쪽 모양에서 빼야 하는 쌓기나무를 모두 찾아 ×표 하시오.

7-2 왼쪽 모양을 오른쪽 모양과 똑같이 만들려고 합니다. 왼쪽 모양에서 빼야 하는 쌓기나무를 모두 찾아 ×표 하시오.

핵심 예제 8

색종이를 점선을 따라 잘랐을 때 생기는 삼각형과 사각형의 수의 차는 몇 개입니까?

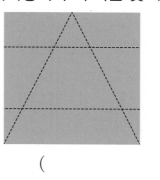

( )

전략

변이 3개인 도형과 변이 4개인 도형이 각각 몇 개씩 생기는지 알아봅니다.

풀이

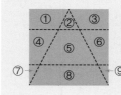

삼각형: ②, ⑦, ⑨ → 3개
사각형: ①, ③, ④, ⑤, ⑥, ⑧
→ 6개
⇨ 6 − 3 = 3(개)

답 3개

8-1 색종이를 점선을 따라 잘랐을 때 생기는 삼각형과 사각형의 수의 차는 몇 개입니까?

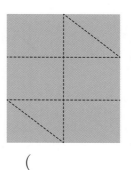

( )

1주

1주 2일 필수 체크 전략 2

01 도형에 대한 설명으로 옳지 않은 것을 찾아 기호를 쓰고, 바르게 고치시오.

> ㉠ 삼각형은 곧은 선들로 둘러싸여 있습니다.
> ㉡ 사각형은 삼각형보다 변이 1개 더 많습니다.
> ㉢ 오각형은 변의 수와 꼭짓점의 수의 합이 9개입니다.

(   )

바르게 고친 문장 _____

_____

Tip ①

■각형의 변의 수는 □개이고, 꼭짓점의 수는 □개입니다.

02 세 도형의 변의 수의 합은 몇 개입니까?

(   )

Tip ②

변은 도형을 둘러싸고 있는 □ 선이므로 그 수를 세어 □합니다.

03 칠교판의 다섯 조각을 모두 이용하여 삼각형을 만드시오.

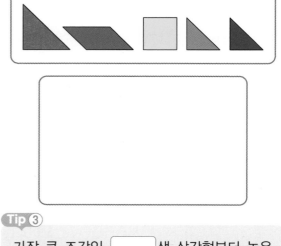

Tip ③

가장 큰 조각인 □색 삼각형부터 놓은 다음 다른 조각들을 놓아 변이 □개인 도형을 만듭니다.

04 쌓기나무 30개로 두 모양을 똑같이 만들고 남는 쌓기나무는 몇 개입니까?

(   )

Tip ④

1층에 쌓은 쌓기나무와 □층에 쌓은 쌓기나무를 세어 두 모양을 똑같이 만드는 데 필요한 쌓기나무 수를 구한 다음 □개에서 뺍니다.

답 **Tip** ① ■, ■ ② 곧은, 더

답 **Tip** ③ 빨간, 3 ④ 2, 30

05 그림에서 찾을 수 있는 크고 작은 사각형은 모두 몇 개입니까?

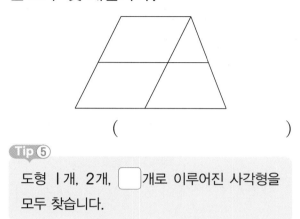

(   )

Tip 5

도형 1개, 2개, ☐개로 이루어진 사각형을 모두 찾습니다.

06 설명대로 쌓은 모양이 <u>아닌</u> 것을 모두 찾아 기호를 쓰시오.

> 1층에 4개, 2층에 2개가 있습니다.

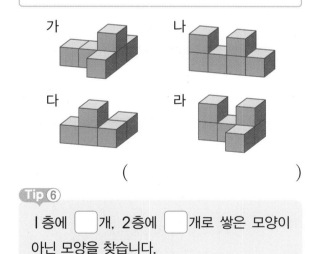

가   나

다   라

(   )

Tip 6

1층에 ☐개, 2층에 ☐개로 쌓은 모양이 아닌 모양을 찾습니다.

07 쌓기나무 1개를 옮겨 왼쪽 모양을 오른쪽 모양과 똑같이 만들려고 합니다. ☐ 안에 알맞은 기호를 써넣으시오.

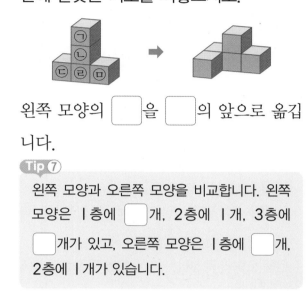

왼쪽 모양의 ☐을 ☐의 앞으로 옮깁니다.

Tip 7

왼쪽 모양과 오른쪽 모양을 비교합니다. 왼쪽 모양은 1층에 ☐개, 2층에 1개, 3층에 ☐개가 있고, 오른쪽 모양은 1층에 ☐개, 2층에 1개가 있습니다.

08 색종이를 점선을 따라 잘랐을 때 생기는 삼각형과 사각형의 수의 차는 몇 개입니까?

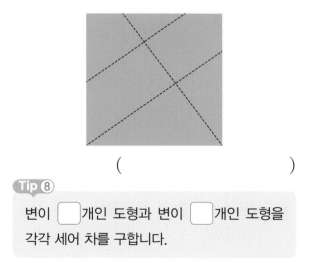

(   )

Tip 8

변이 ☐개인 도형과 변이 ☐개인 도형을 각각 세어 차를 구합니다.

1주 3일 필수 체크 전략 1

핵심 예제 ①

두 도형의 꼭짓점의 수의 차는 몇 개입니까?

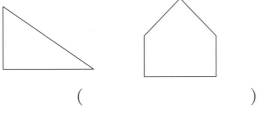

( )

전략
두 곧은 선이 만나는 점이 몇 개인지 먼저 세어 봅니다.

풀이
왼쪽 도형의 꼭짓점은 3개, 오른쪽 도형의 꼭짓점은 5개입니다. ⇨ 5−3=2(개)

답 2개

1-1 두 도형의 꼭짓점의 수의 차는 몇 개입니까?

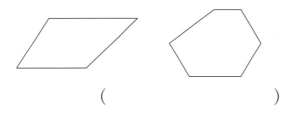

( )

1-2 원과 사각형의 꼭짓점의 수의 차는 몇 개입니까?

( )

핵심 예제 ②

칠교판 조각으로 다음 모양을 만들었습니다. ☐ 안에 알맞은 수나 말을 써넣으시오.

삼각형 ☐개와 사각형 ☐개를 이용하여 만든 ☐형입니다.

전략
각각의 조각과 전체 모양의 변이나 꼭짓점이 몇 개인지 세어 봅니다.

풀이

삼각형: ②, ③, ④, ⑤, ⑥
→ 5개
사각형: ①, ⑦ → 2개

만든 모양은 변이 6개이므로 육각형입니다.

답 5, 2, 육각

2-1 칠교판 조각으로 다음 모양을 만들었습니다. ☐ 안에 알맞은 수나 말을 써넣으시오.

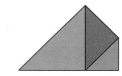

삼각형 ☐개와 사각형 ☐개를 이용하여 만든 ☐형입니다.

핵심 예제 ③

다음 세 조각을 모두 이용하여 만들 수 <u>없</u>는 모양을 찾아 기호를 쓰시오.

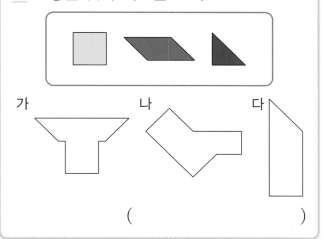

가　　　　나　　　　다

(　　　　　　　)

전략

길이나 모양을 비교하여 알맞은 조각을 놓아 모양을 만들어 봅니다.

풀이

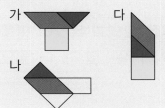

나에 조각을 놓아 모양을 만들어 보면 주어진 조각으로 만들 수 없습니다.

답 나

3-1 다음 세 조각을 모두 이용하여 만들 수 <u>없는</u> 모양을 찾아 기호를 쓰시오.

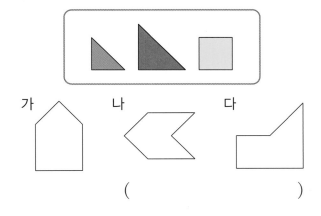

가　　　　나　　　　다

(　　　　　　　)

핵심 예제 ④

왼쪽 도형보다 꼭짓점의 수가 1개 더 많은 도형을 오른쪽에 그리시오.

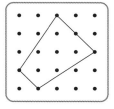 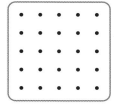

전략

두 곧은 선이 만나는 점이 몇 개인지 세어 보고 꼭짓점이 1개 더 많은 도형을 그립니다.

풀이

왼쪽 도형의 꼭짓점은 4개이므로 사각형입니다.
오른쪽에는 꼭짓점이 5개인 오각형을 그려야 합니다.

답 예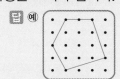

4-1 왼쪽 도형보다 꼭짓점의 수가 1개 더 많은 도형을 오른쪽에 그리시오.

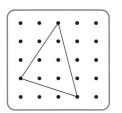 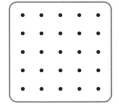

4-2 왼쪽 도형보다 꼭짓점의 수가 2개 더 많은 도형을 오른쪽에 그리시오.

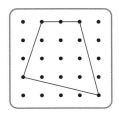 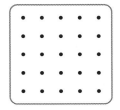

핵심 예제 ❺

쌀기나무로 쌓은 모양에 대한 설명입니다. 틀린 부분을 모두 찾아 밑줄을 긋고 바르게 고치시오.

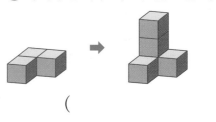

> 1층에 쌓기나무 2개가 옆으로 나란히 있고, 가장 오른쪽의 쌓기나무 위에 1개가 있습니다.

전략

쌓기나무가 1층과 2층에 몇 개가 어떻게 쌓여 있는지 알아봅니다.

풀이

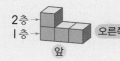

1층에 쌓기나무 3개가 옆으로 나란히 있고, 가장 왼쪽 쌓기나무 위에 1개가 있습니다.

답 2, 오른에 밑줄을 긋고 3, 왼으로 고칩니다.

5-1

쌀기나무로 쌓은 모양에 대한 설명입니다. 틀린 부분을 모두 찾아 밑줄을 긋고 바르게 고치시오.

> 쌓기나무 2개가 옆으로 나란히 있고,
> 왼쪽의 쌓기나무 앞에 1개가 있고,
> 오른쪽의 쌓기나무 위에 1개가 있습니다.

핵심 예제 ❻

왼쪽 모양을 오른쪽 모양과 똑같이 만들려고 합니다. 쌓기나무는 몇 개 더 필요합니까?

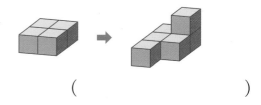

( )

전략

두 모양을 똑같이 만드는 데 필요한 쌓기나무를 각각 구해 봅니다.

풀이

왼쪽 모양은 쌓기나무 3개로 만든 모양이고, 오른쪽 모양은 쌓기나무 5개로 만든 모양입니다. 따라서 쌓기나무가 5-3=2(개) 더 필요합니다.

답 2개

6-1

왼쪽 모양을 오른쪽 모양과 똑같이 만들려고 합니다. 쌓기나무는 몇 개 더 필요합니까?

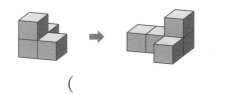

( )

6-2

왼쪽 모양을 오른쪽 모양과 똑같이 만들려고 합니다. 쌓기나무는 몇 개 더 필요합니까?

( )

핵심 예제 ❼

㉠＋㉡－㉢을 구하시오.

- 사각형의 꼭짓점은 ㉠개입니다.
- 삼각형의 변은 ㉡개입니다.
- 오각형의 변은 ㉢개입니다.

(   )

【전략】
도형의 변의 수와 꼭짓점의 수를 구해 계산해 봅니다.

【풀이】
- 사각형의 꼭짓점은 4개입니다.
- 삼각형의 변은 3개, 오각형의 변은 5개입니다.
⇨ ㉠＋㉡－㉢＝4＋3－5＝7－5＝2

답 2

7-1 ㉠＋㉡－㉢을 구하시오.

- 삼각형의 꼭짓점은 ㉠개입니다.
- 육각형의 꼭짓점은 ㉡개입니다.
- 사각형의 변은 육각형의 변보다 ㉢개
  더 적습니다.

(   )

7-2 ㉠－㉡＋㉢을 구하시오.

- 사각형의 변은 ㉠개입니다.
- 원의 꼭짓점은 ㉡개입니다.
- 육각형의 꼭짓점은 오각형의 꼭짓점
  보다 ㉢개 더 많습니다.

(   )

핵심 예제 ❽

똑같은 모양으로 쌓을 때 쌓기나무가 가장 적게 필요한 것을 찾아 기호를 쓰시오.

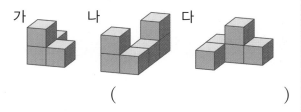

가   나   다

(   )

【전략】
사용한 쌓기나무 수를 각각 세어 개수를 비교합니다.

【풀이】
가: 1층에 3개, 2층에 1개 → 4개
나: 1층에 4개, 2층에 2개 → 6개
다: 1층에 4개, 2층에 1개 → 5개
⇨ 4＜5＜6이므로 똑같은 모양으로 쌓을 때 쌓기나무가 가장 적게 필요한 것은 가입니다.

답 가

8-1 똑같은 모양으로 쌓을 때 쌓기나무가 가장 적게 필요한 것을 찾아 기호를 쓰시오.

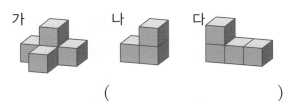

가   나   다

(   )

8-2 똑같은 모양으로 쌓을 때 쌓기나무가 가장 많이 필요한 것을 찾아 기호를 쓰시오.

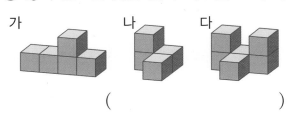

가   나   다

(   )

1주 3일 필수 체크 전략 2

01 다음 도형 중 꼭짓점이 가장 많은 도형과 가장 적은 도형의 꼭짓점 수의 차는 몇 개입니까?

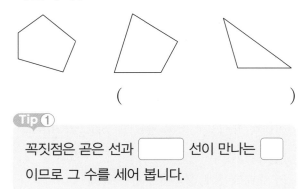

( )

Tip ①

꼭짓점은 곧은 선과 ▢ 선이 만나는 ▢ 이므로 그 수를 세어 봅니다.

02 칠교판 조각으로 다음 모양을 만들었습니다. ▢ 안에 알맞은 수나 말을 써넣으시오.

삼각형 ▢ 개와 ▢ 형 ▢ 개를 이용하여 만든 ▢ 형입니다.

Tip ②

만든 모양에서 찾을 수 있는 도형은 ▢ 형과 ▢ 형으로 각각 몇 개인지 세어 봅니다.

03 다음 세 조각을 모두 이용하여 만들 수 <u>없는</u> 모양을 찾아 기호를 쓰시오.

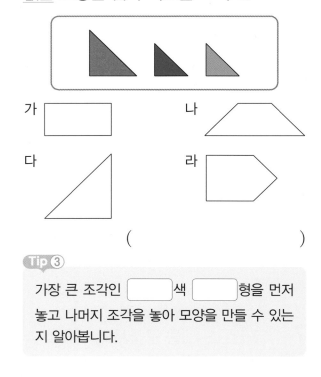

가 [ ]   나

다   라

( )

Tip ③

가장 큰 조각인 ▢ 색 ▢ 형을 먼저 놓고 나머지 조각을 놓아 모양을 만들 수 있는지 알아봅니다.

04 왼쪽 도형보다 꼭짓점의 수가 2개 더 많고 도형의 안쪽에 점이 4개 있는 도형을 오른쪽에 그리시오.

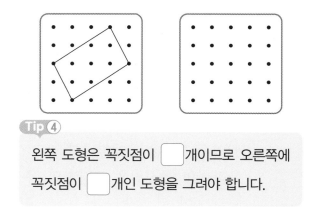

Tip ④

왼쪽 도형은 꼭짓점이 ▢ 개이므로 오른쪽에 꼭짓점이 ▢ 개인 도형을 그려야 합니다.

답 Tip ① 곧은, 점 ② 삼각, 사각

답 Tip ③ 빨간, 삼각 ④ 4, 6

05 쌓기나무로 쌓은 모양을 설명하시오.

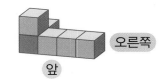

오른쪽

앞

설명 _____

_____

_____

Tip 5

Ⅰ층에 나란히 쌓은 모양을 먼저 설명한 다음 [   ]색 쌓기나무를 기준으로 나머지 [   ]개 의 쌓기나무를 쌓은 방법을 설명합니다.

06 왼쪽 모양을 오른쪽 모양과 똑같이 만들 려고 합니다. 쌓기나무는 몇 개를 빼야 합니까?

(　　　　　　)

Tip 6

왼쪽 모양과 [   ] 모양을 비교하여 왼 쪽 모양에서 어느 위치에 있는 쌓기나무를 [   ]야 하는지 알아봅니다.

07 ㉠+㉡−㉢을 구하시오.

• 삼각형의 꼭짓점의 수와 변의 수의 합은 ㉠개입니다.
• 오각형의 변은 ㉡개입니다.
• 육각형의 꼭짓점은 사각형의 꼭짓점 보다 ㉢개 더 많습니다.

(　　　　　　)

Tip 7

■각형의 꼭짓점은 [   ]개이고, 변은 [   ]개 임을 이용하여 ㉠, ㉡, ㉢을 구합니다.

08 똑같은 모양으로 쌓을 때 쌓기나무가 적 게 필요한 것부터 차례로 기호를 쓰시오.

가　　　　 나　　 다

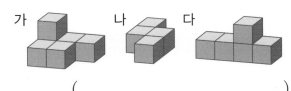

(　　　　　　)

Tip 8

가와 [   ]는 Ⅰ층과 [   ]층에 쌓은 쌓기나무 수를 각각 세어 전체 쌓기나무 수를 구합니다.

답 **Tip** ⑤ 빨간, 2 ⑥ 오른쪽, 빼

답 **Tip** ⑦ ■, ■ ⑧ 다, 2

01 꼭짓점의 수가 가장 많은 것을 찾아 기호를 쓰시오.

> ㉠ 원　　　　㉡ 육각형
> ㉢ 사각형　　㉣ 삼각형

(　　　　　　)

02 오각형에 적힌 두 수의 차를 구하시오.

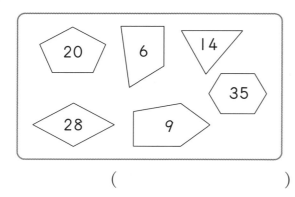

(　　　　　　)

03 똑같은 모양으로 쌓을 때 필요한 쌓기나무의 수가 다른 하나를 찾아 기호를 쓰시오.

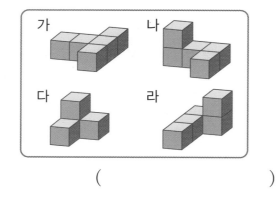

(　　　　　　)

04 다음 도형이 원이 아닌 이유를 쓰시오.

이유 _____

_____

원은 어느 쪽에서 보아도 동그란 모양이에요.

05 왼쪽 모양에서 쌓기나무 1개를 옮겨 오른쪽과 똑같은 모양을 만들려고 합니다. 옮겨야 할 쌓기나무는 어느 것입니까?

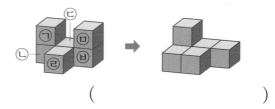

(　　　　　　)

06 빨간색 쌓기나무 오른쪽에 있는 쌓기나무를 찾아 ○표 하시오.

[07 ~ 08] 다음 칠교판을 보고 물음에 답하시오.

07 칠교판 조각 중에서 삼각형과 사각형의 수의 차는 몇 개입니까?

(   )

08 ①, ③, ⑤, ⑥ 네 조각을 모두 이용하여 사각형을 만드시오.

09 다음 설명에 맞는 도형을 그리시오.

- 변의 수와 꼭짓점의 수의 합이 10개입니다.
- 도형의 안쪽에 점이 4개 있습니다.

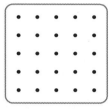

10 도형에서 찾을 수 있는 크고 작은 삼각형은 모두 몇 개입니까?

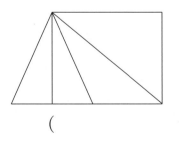

(   )

1주

1주 창의·융합·코딩 전략

01 각 나라 국기 안에서 찾을 수 있는 도형을 모두 찾아 ○표 하시오.

(1)

(2)

Tip ①

동그란 모양을 찾아 ▢이 있는 지 알아 보고, 도형의 ▢이나 꼭짓점이 몇 개인지 세어 여러 가지 도형을 찾아봅니다.

변이나 꼭짓점이
■개인 도형은
■각형이에요.

02 보기 의 모양에서 쌓기나무를 1개만 옮겨 쌓았을 때 만들 수 <u>없는</u> 모양을 모두 찾아 ×표 하시오.

보기

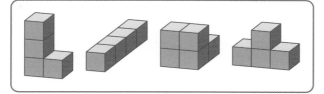

Tip ②

쌓기나무를 ▢개보다 더 많이 옮겨야 만들 수 있거나 보기 처럼 ▢개로 만들 수 없는 모양을 찾습니다.

답 Tip ① 원, 변 ② 1, 4

03 색종이를 그림과 같이 반으로 접은 다음 점선을 따라 자른 다음 펼쳤습니다. 잘린 조각은 어떤 도형인지 모두 쓰시오.

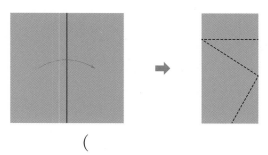

(   )

Tip ③

잘린 조각의 [ ]이나 [   ] 의 수를 세어 어떤 도형인지 알아봅니다.

04 다음 점들을 이어서 그릴 수 있는 서로 다른 모양의 사각형을 그리시오.

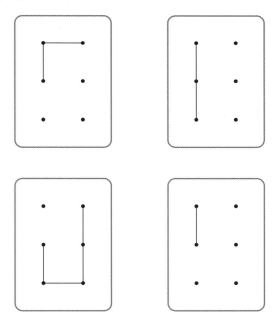

Tip ④

사각형은 꼭짓점이 [ ]개이므로 점 [ ]개를 정해 곧은 선으로 이어 그릴 수 있습니다.

05 그림 속에 숨어 있는 크고 작은 사각형 4개와 오각형 2개를 모두 찾아 그리시오. (단, 전체 그림의 오각형은 제외합니다.)

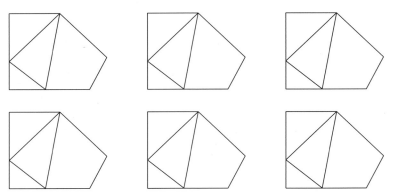

Tip ⑤

변이 ☐개인 사각형과 변이 ☐개인 오각형을 모두 찾아 그립니다.

06 오른쪽 칠교판의 조각을 모두 이용하여 숫자 모양을 만들었습니다. 어떻게 만들었는지 선을 그으시오.

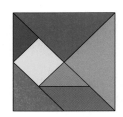

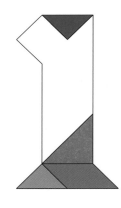
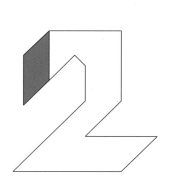

Tip ⑥

남은 조각 중에서 가장 ☐ 조각을 먼저 놓아보고 ☐ 조각으로 빈 공간을 채워 봅니다.

답 Tip ⑤ 4, 5 ⑥ 큰, 남은

07 다음에 맞게 쌓기나무를 색칠하시오.

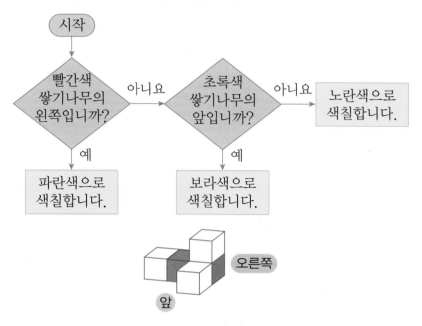

Tip 7

빨간색 쌓기나무의 왼쪽에 있는 쌓기나무는 ☐색으로 색칠하고, 초록색 쌓기나무의 앞에 있는 쌓기나무는 ☐색으로 색칠합니다.

08 가로 또는 세로로 있는 세 도형의 꼭짓점의 수의 합은 모두 같습니다. 빈칸에 알맞은 도형을 그리시오.

Tip 8

빈칸이 없는 ☐째 줄의 세 도형의 꼭짓점의 수의 ☐을 구해 빈칸이 있는 줄의 꼭짓점의 수와 비교합니다.

1주

답 Tip ⑦ 파란, 보라 ⑧ 셋, 합

초등 수학 2-1 **31**

개념 01 여러 가지 단위길이로 길이 재기

· 연필의 길이 재어 보기

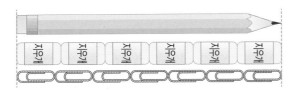

⇨ 연필의 길이는 지우개로 ❶☐ 번,

클립으로 ❷☐ 번입니다.

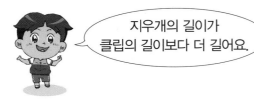

지우개의 길이가
클립의 길이보다 더 길어요.

잰 횟수가 적을수록 단위의 길이가 깁니다.

개념 02 같은 단위길이로 길이 재기

· 클립으로 물건의 길이를 재어 비교하기

 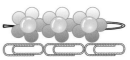

⇨ 지우개의 길이: 클립으로 ❶☐ 번

　머리핀의 길이: 클립으로 ❷☐ 번

머리핀의 길이가
지우개의 길이보다 더 길어요.

같은 단위길이로 길이를 재면
잰 횟수가 많을수록 길이가 깁니다.

확인 01 지팡이의 길이를 잰 횟수입니다. 뼘과 숟가락 중 길이가 더 긴 것을 쓰시오.

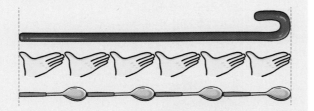

뼘	숟가락
6번	4번

(　　　　　　　)

확인 02 못을 이용하여 길이를 잰 횟수입니다. 더 긴 물건은 무엇입니까?

(1)

필통	물병
못으로 3번	못으로 2번

(　　　　　　　)

(2)

액자	거울
못으로 10번	못으로 12번

(　　　　　　　)

답 개념 01 ❶ 6 ❷ 7

답 개념 02 ❶ 2 ❷ 3

개념 03 자로 길이 재기

• 0이 아닌 눈금에서부터 길이 재기

└─ 1 cm가 6번 들어가므로 6 cm입니다.

크레파스의 한쪽 끝이 눈금 ❶[   ]에,
다른 쪽 끝이 8에 맞추어져 있습니다.
➡ 크레파스의 길이: 8 − ❷[   ] = 6 (cm)

확인 03 클립의 길이는 몇 cm입니까?

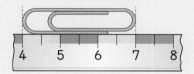

[   ] cm

개념 04 길이 어림하기

• 약 ■ cm로 나타내기

가까이에 있는 쪽의 숫자를 읽습니다.

막대의 한쪽 끝이 눈금 0에 맞추어져 있고,
다른 쪽 끝이 ❶[   ]에 가깝습니다.
➡ 막대의 길이: 약 ❷[   ] cm

확인 04 색 테이프의 길이는 약 몇 cm입니까?

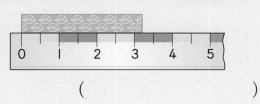

(   )

개념 05 더 가깝게 어림한 사람 찾기

• 면봉의 길이를 더 가깝게 어림한 사람 찾기

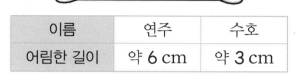

이름	연주	수호
어림한 길이	약 6 cm	약 3 cm

실제 면봉의 길이는 5 cm입니다.
어림한 길이와 실제 길이의 차가
연주는 6 − 5 = ❶[   ] (cm),
수호는 5 − ❷[   ] = 2 (cm)이므로
더 가깝게 어림한 사람은 연주입니다.

> 어림한 길이와 실제 길이의 차가
> 작을수록 더 가깝게 어림한 것입니다.

2주

확인 05 종원이와 희진이가 필통의 길이를 다음과 같이 어림했습니다. 실제 필통의 길이가 19 cm라면, 더 가깝게 어림한 사람은 누구입니까?

종원	희진
약 15 cm	약 20 cm

(   )

어림한 길이와 실제 길이의 차를 구할 때는 긴 길이에서 짧은 길이를 빼요.

답 개념 03 ❶ 2 ❷ 2   개념 04 ❶ 5 ❷ 5

답 개념 05 ❶ 1 ❷ 3

개념 06 알맞은 기준 찾기

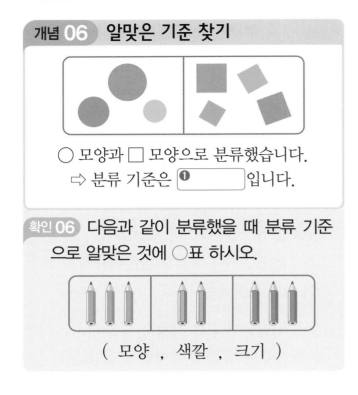

○ 모양과 □ 모양으로 분류했습니다.
⇨ 분류 기준은 ❶ [　　　]입니다.

확인 06 다음과 같이 분류했을 때 분류 기준으로 알맞은 것에 ○표 하시오.

(모양 , 색깔 , 크기)

개념 07 기준에 따라 분류하기

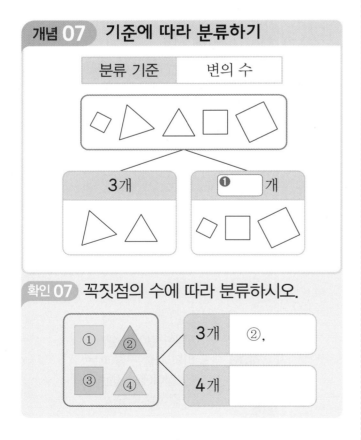

분류 기준	변의 수

3개 ／ ❶ [　　]개

확인 07 꼭짓점의 수에 따라 분류하시오.

3개 ②,
4개

개념 08 두 가지 기준에 따라 분류하기

• 단추를 색깔과 구멍 수에 따라 분류하기

	빨간색	파란색	노란색
구멍 2개	㉠, ㉧	❶ [　　]	㉣
구멍 4개	㉢	㉡, ㉤	❷ [　　]

빨간색이면서 구멍이 2개인 단추는 ㉠과 ㉧이에요.

확인 08 도넛을 모양과 색깔에 따라 분류하려고 합니다. 빈 곳에 알맞은 번호를 써넣으시오.

	○ 모양	□ 모양
분홍색		
갈색		

개념 09 분류하여 세어 보기

· 모형을 색깔에 따라 분류하여 세어 보기

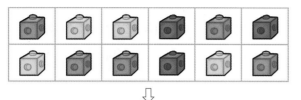

분류 기준	색깔

색깔	빨간색	노란색	파란색
세면서 표시하기	////	////	////
수(개)	5	❶	❷

모형에 색깔별로 다른 표시를 하고, ////에 차례로 표시하면서 수를 세어 보세요.

확인 09

경수가 한 달 동안 먹은 우유를 조사 하였습니다. 우유를 맛에 따라 분류하여 그 수를 세어 보시오.

분류 기준	맛

맛	초콜릿 맛	바나나 맛	딸기 맛
세면서 표시하기	////	////	////
수(개)			

답 개념 09 ❶ 4 ❷ 3

개념 10 분류한 결과 말하기

· 모양에 따라 분류한 결과를 보고 말하기

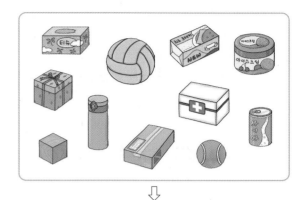

분류 기준	모양

모양	⬜ 모양	🛢 모양	⚪ 모양
수(개)	6	3	2

⇨ 가장 많은 모양: ⬜ 모양, ❶ ⬜개
가장 적은 모양: ⚪ 모양, ❷ ⬜개

확인 10

구슬을 색깔에 따라 분류하였습니다.
⬜ 안에 알맞은 수를 써넣으시오.

색깔	초록색	파란색	노란색	검은색
수(개)	4	7	3	4

(1) 가장 많은 구슬은 ⬜ 색 구슬입니다.

(2) 가장 적은 구슬은 ⬜ 색 구슬입니다.

답 개념 10 ❶ 6 ❷ 2

2주

01 가위와 물감으로 우산의 길이를 잰 것입니다. ☐ 안에 알맞은 수를 써넣고, 알맞은 말에 ○표 하시오.

(1) 우산의 길이는 가위로 ☐ 번, 물감으로 ☐ 번입니다.

(2) 잰 횟수가 더 적은 것은 (가위 , 물감)입니다.

(3) 길이가 더 긴 것은 (가위 , 물감)입니다.

문제 해결 전략 1

• 단위길이가 길수록 잰 횟수가 ☐ 습니다.

• 잰 횟수가 적을수록 단위의 길이가 ☐ 니다.

02 은영이가 수수깡으로 신발장과 교탁의 긴 쪽의 길이를 잰 횟수입니다. 신발장과 교탁 중 더 긴 것은 무엇입니까?

신발장	교탁
6번	7번

( )

문제 해결 전략 2

같은 단위길이로 길이를 재면 잰 횟수가 많을수록 길이가 ☐ 니다.

03 자를 이용하여 포크의 길이를 재어 보시오.

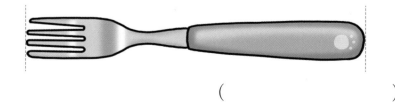

( )

문제 해결 전략 3

자를 이용하여 물건의 길이를 잴 때는 물건의 한쪽 끝을 자의 눈금 0에 맞추고 다른 쪽 ☐ 이 가리키는 ☐ 을 읽습니다.

답 1 적, 김 2 김 3 끝, 눈금

04 이동 수단을 분류한 기준으로 알맞은 것을 찾아 기호를 쓰시오.

| ㉠ 모양 | ㉡ 색깔 | ㉢ 바퀴 수 |

(   )

문제 **해결 전략** ④

기준에 따라 나누는 것을 ☐ 한다고 합니다.

누가 분류하더라도 ☐은 결과가 나와야 알맞은 분류 기준입니다.

05 정해진 기준에 따라 조각을 분류하시오.

분류 기준	색깔	
색깔		
조각 번호		

문제 **해결 전략** ⑤

조각의 색깔은 보라색, 초록색, ☐색으로 ☐가지입니다.

2주

06 공을 분류하여 그 수를 세어 보고, ☐ 안에 알맞은 말을 써넣으시오.

종류	축구공	야구공	배구공	농구공
공의 수(개)				

⇨ 가장 많은 공은 ☐ 공입니다.

문제 **해결 전략** ⑥

종류별로 공의 ☐를 각각 세어 표에 써넣고 가장 ☐은 공을 찾아봅니다.

답 ④ 분류, 같 ⑤ 노란, 3 ⑥ 수, 많

핵심 예제 ❶

책상의 짧은 쪽의 길이를 뼘으로 잰 횟수입니다. 한 뼘의 길이가 더 짧은 사람은 누구입니까?

수영	선호
4뼘	5뼘

( )

전략

잰 횟수가 많을수록 단위의 길이가 짧습니다.

풀이

4<5로 잰 횟수가 많은 사람은 선호입니다.

⇨ 선호의 한 뼘의 길이가 더 짧습니다.

답 선호

핵심 예제 ❷

길이가 가장 긴 것을 찾아 기호를 쓰시오.

( )

전략

가장 작은 한 칸을 단위길이로 생각하고 가, 나, 다가 각각 몇 칸인지 세어 길이를 비교합니다.

풀이

가: 6칸, 나: 7칸, 다: 5칸

⇨ 7>6>5로 나의 길이가 가장 깁니다.

답 나

1-1 리코더의 길이를 색연필과 볼펜으로 잰 횟수입니다. 색연필과 볼펜 중 길이가 더 짧은 물건은 무엇입니까?

색연필	볼펜
4번	3번

( )

1-2 복도의 길이를 걸음으로 잰 횟수입니다. 한 걸음의 길이가 더 짧은 사람은 누구입니까?

세현	서진
19걸음	16걸음

( )

2-1 길이가 가장 긴 것을 찾아 기호를 쓰시오.

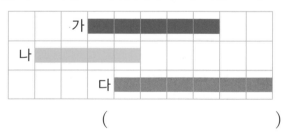

( )

2-2 길이가 가장 긴 것을 찾아 기호를 쓰시오.

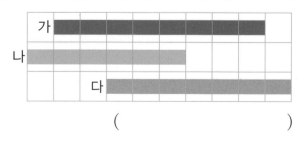

( )

핵심 예제 ❸

색연필의 길이는 몇 cm입니까?

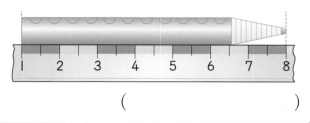

( )

전략

물건의 한쪽 끝과 다른 쪽 끝이 가리키는 눈금을 읽고 차를 구합니다.

풀이

색연필의 한쪽 끝이 눈금 1에, 다른 쪽 끝이 8에 맞추어져 있습니다.
⇨ 색연필의 길이는 8 - 1 = 7 (cm)입니다.

답 7 cm

3-1 크레파스의 길이는 몇 cm입니까?

( )

3-2 막대 사탕의 길이는 몇 cm입니까?

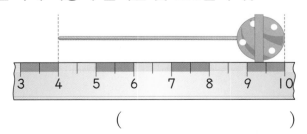

( )

핵심 예제 ❹

막대 과자의 길이는 약 몇 cm인지 자로 재어 보시오.

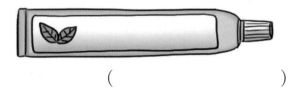

( )

전략

자로 물건의 길이를 잴 때는 물건의 한쪽 끝을 자의 눈금 0에 맞추고, 다른 쪽 끝이 가리키는 눈금을 읽습니다.
길이가 자의 눈금 사이에 있을 때는 가까이에 있는 쪽의 숫자를 읽으며, 숫자 앞에 약을 붙여 씁니다.

풀이

막대 과자의 한쪽 끝을 자의 눈금 0에 맞추었을 때, 다른 쪽 끝이 5에 가깝습니다.
⇨ 막대 과자의 길이는 약 5 cm입니다.

답 약 5 cm

2주

4-1 치약의 길이는 약 몇 cm인지 자로 재어 보시오.

( )

치약의 한쪽 끝을 자의 눈금 0에 맞추고, 다른 쪽 끝이 어느 숫자에 가까운지 확인해요.

길이가 자의 눈금 사이에 있을 때는 숫자 앞에 약을 붙여 써요.

핵심 예제 5

도형을 분류한 기준으로 알맞은 것을 찾아 기호를 쓰시오.

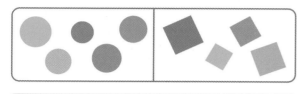

ㄱ 모양　　ㄴ 크기　　ㄷ 색깔

( )

전략

분류한 그림을 보고 분명한 분류 기준이 무엇인지 알아봅니다.

풀이

왼쪽에 있는 도형은 모두 ○ 모양이고, 오른쪽에 있는 도형은 모두 □ 모양입니다.
⇨ 모양에 따라 분류한 것입니다.

답 ㄱ

핵심 예제 6

옷을 분류한 것입니다. <u>잘못</u> 분류된 옷을 찾아 기호를 쓰시오.

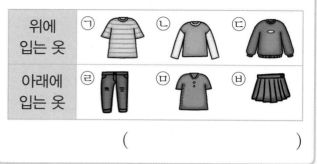

| 위에 입는 옷 | ㄱ | ㄴ | ㄷ |
| 아래에 입는 옷 | ㄹ | ㅁ | ㅂ |

( )

전략

분류 기준을 확인하고 분류 기준에 맞지 않는 것을 찾습니다.

풀이

옷을 입는 위치에 따라 위에 입는 옷과 아래에 입는 옷으로 분류한 것입니다.
ㅁ은 위에 입는 옷인데 아래에 입는 옷으로 분류되어 있으므로 잘못 분류된 것입니다.

답 ㅁ

5-1 단추를 분류한 기준으로 알맞은 것을 찾아 기호를 쓰시오.

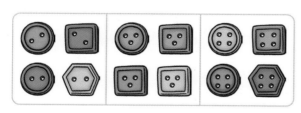

ㄱ 색깔　　ㄴ 구멍 수　　ㄷ 모양

( )

분명한 기준을 찾아보세요.

6-1 누름 못을 분류한 것입니다. <u>잘못</u> 분류된 누름 못을 찾아 기호를 쓰시오.

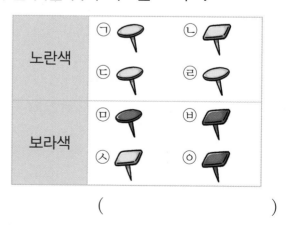

노란색	ㄱ	ㄴ
	ㄷ	ㄹ
보라색	ㅁ	ㅂ
	ㅅ	ㅇ

( )

핵심 예제 7

동물을 다리 수에 따라 분류하고 그 수를 세어 보시오.

다리 수	2개	4개	6개
세면서 표시하기	////	////	////
동물 수 (마리)			

[전략]
다리 수에 따라 서로 다른 표시를 하고, //// 에 차례로 표시하면서 수를 세어 써넣습니다.

[풀이]

다리가 2개인 동물에 □표, 4개인 동물에 △표, 6개인 동물에 ○표 하고, 그 수를 세어 봅니다.
⇨ 다리가 2개인 동물은 5마리,
  다리가 4개인 동물은 4마리,
  다리가 6개인 동물은 2마리입니다.

답

다리 수	2개	4개	6개
세면서 표시하기	////	////	////
동물 수 (마리)	5	4	2

7-1 물건을 모양에 따라 분류하고 그 수를 세어 보시오.

모양	⬜ 모양	⬛ 모양	⚫ 모양
세면서 표시하기	//// ////	//// ////	//// ////
물건 수 (개)			

01 학교 화단의 길이를 걸음으로 잰 횟수입니다. 한 걸음의 길이가 가장 짧은 사람은 누구입니까?

영도	소망	동훈
13걸음	10걸음	12걸음

( )

Tip ①

잰 횟수가 많을수록 단위의 길이가 □습니다. 걸음 수가 가장 □은 사람의 한 걸음의 길이가 가장 짧습니다.

02 길이가 가장 긴 색 테이프부터 차례로 기호를 쓰시오.

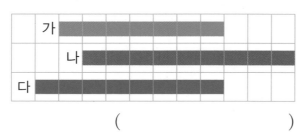

( )

Tip ②

가장 작은 한 칸을 □ 길이로 정했을 때 가, 나, 다가 각각 몇 칸인지 세어 보고, 칸 수가 가장 □은 것부터 차례로 기호를 씁니다.

03 분홍색 분필과 노란색 분필 중에서 무슨 색 분필이 몇 cm 더 깁니까?

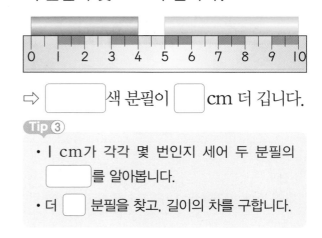

⇨ □ 색 분필이 □ cm 더 깁니다.

Tip ③

• 1 cm가 각각 몇 번인지 세어 두 분필의 □를 알아봅니다.
• 더 □ 분필을 찾고, 길이의 차를 구합니다.

04 나뭇잎의 길이는 약 몇 cm입니까?

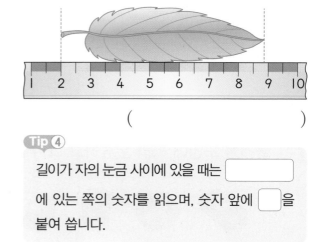

( )

Tip ④

길이가 자의 눈금 사이에 있을 때는 □에 있는 쪽의 숫자를 읽으며, 숫자 앞에 □을 붙여 씁니다.

답 Tip ① 짧, 많 ② 단위, 많

답 Tip ③ 길이, 긴 ④ 가까이, 약

05 교통안전 표지판을 분류한 기준으로 알맞은 것을 찾아 기호를 쓰시오.

| ㉠ 모양 | ㉡ 크기 | ㉢ 색깔 |

(   )

Tip ⑤

분류된 표지판들의 모양, [   ], 색깔을 살펴보고 무엇에 따라 분류되어 있는지 알아봅니다.

06 젤리를 분류한 것입니다. 잘못 분류된 젤리를 찾아 번호를 쓰시오.

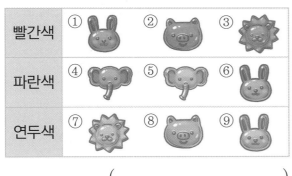

(   )

Tip ⑥

분류 [   ]을 확인하고 분류 기준에 맞지 않는 것을 찾습니다.
빨간색, 파란색, [   ]색으로 맞게 분류되어 있는지 확인합니다.

07 돈을 금액에 따라 분류하고 그 수를 세어 보시오.

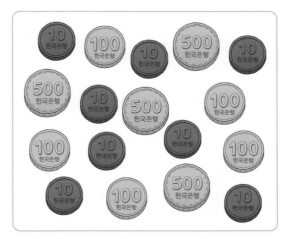

금액	십 원	백 원	오백 원
세면서 표시하기	///////////	///////////	///////////
수(개)			

Tip ⑦

돈을 금액에 따라 분류하면 십 원, [   ] 원, [   ] 원으로 분류할 수 있습니다.

동전을 금액에 따라 서로 다른 표시를 하고, ///에 차례로 표시하면서 수를 세어 써넣어요.

핵심 예제 ①

대화를 보고 가장 긴 리본을 가지고 있는 사람을 찾아 이름을 쓰시오.

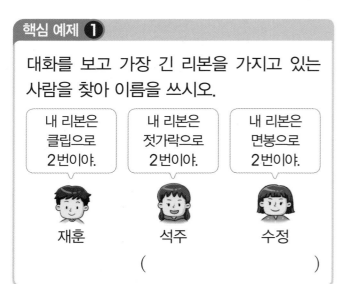

내 리본은 클립으로 2번이야.

내 리본은 젓가락으로 2번이야.

내 리본은 면봉으로 2번이야.

재훈   석주   수정

(   )

전략

잰 횟수가 같을 때는 단위의 길이가 길수록 물건의 길이가 깁니다.

풀이

잰 횟수가 2번으로 모두 같으므로 단위길이를 긴 것부터 차례로 쓰면 젓가락, 면봉, 클립입니다.

⇨ 가장 긴 리본을 가지고 있는 사람은 석주입니다.

답 석주

핵심 예제 ②

도형에서 가장 긴 변을 찾아 기호를 쓰고, 그 길이를 자로 재어 보시오.

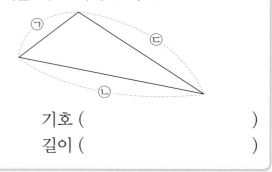

기호 (   )
길이 (   )

전략

도형의 각 변의 길이를 비교하여 가장 긴 변을 찾고 자를 이용하여 길이를 재어 봅니다.

풀이

세 변의 길이를 비교하면 ⓒ>ⓒ>㉠이므로 가장 긴 변은 ⓒ입니다.

ⓒ의 한쪽 끝을 자의 눈금 0에 맞추고, 다른 쪽 끝이 가리키는 눈금을 읽으면 5 cm입니다.

답 ⓒ, 5 cm

1-1 대화를 보고 가장 긴 털실을 가지고 있는 사람을 찾아 이름을 쓰시오.

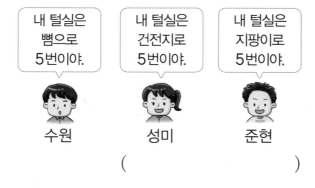

내 털실은 뼘으로 5번이야.

내 털실은 건전지로 5번이야.

내 털실은 지팡이로 5번이야.

수원   성미   준현

(   )

2-1 도형에서 가장 긴 변을 찾아 기호를 쓰고, 그 길이를 자로 재어 보시오.

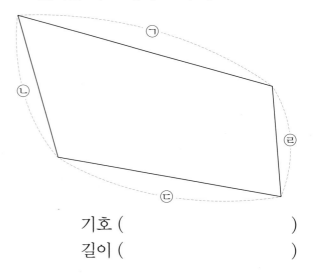

기호 (   )
길이 (   )

핵심 예제 ❸

사물함의 짧은 쪽의 길이를 젓가락으로 재었더니 4번이었습니다. 젓가락의 길이가 13 cm라면 사물함의 짧은 쪽의 길이는 몇 cm인지 구하시오.

(   )

전략

단위길이가 ■ cm이고, 물건의 길이가 단위길이로 ▲번일 때, 물건의 길이는 ■ cm를 ▲번 더한 길이와 같습니다.

풀이

사물함의 짧은 쪽의 길이는 젓가락의 길이를 4번 더한 길이와 같습니다.

⇨ (사물함의 짧은 쪽의 길이)
$= 13 + 13 + 13 + 13 = 52$ (cm)

답 52 cm

3-1 혜수가 책상의 긴 쪽의 길이를 뼘으로 재었더니 5뼘이었습니다. 혜수의 한 뼘의 길이가 11 cm라면 책상의 긴 쪽의 길이는 몇 cm인지 구하시오.

(   )

3-2 서랍장의 높이를 볼펜으로 재었더니 3번이었습니다. 볼펜의 길이가 15 cm라면 서랍장의 높이는 몇 cm인지 구하시오.

(   )

핵심 예제 ❹

소윤, 지효, 성수가 각각 막대의 길이를 어림한 것입니다. 막대의 길이를 가장 가깝게 어림한 사람은 누구입니까?

소윤	지효	성수
약 4 cm	약 10 cm	약 7 cm

(   )

전략

실제 막대의 길이를 자로 재어 보고, 실제 길이와 어림한 길이의 차가 가장 작은 사람을 찾습니다.

풀이

실제 막대의 길이를 자로 재어 보면 5 cm입니다.
실제 길이와 어림한 길이의 차가
소윤이는 $5 - 4 = 1$ (cm), 지효는 $10 - 5 = 5$ (cm),
성수는 $7 - 5 = 2$ (cm)입니다.

⇨ 가장 가깝게 어림한 사람은 소윤이입니다.

답 소윤

4-1 다희, 종원, 우성이가 각각 색 테이프의 길이를 어림한 것입니다. 색 테이프의 길이를 가장 가깝게 어림한 사람은 누구입니까?

다희	종원	우성
약 7 cm	약 3 cm	약 6 cm

(   )

핵심 예제 ❺

은혜네 모둠 학생들을 두 가지 기준으로 분류하시오.

	안경을 쓴 학생	안경을 안 쓴 학생
여학생		
남학생		

전략

안경을 쓴 학생과 안경을 안 쓴 학생, 여학생과 남학생의 두 가지 기준으로 분류하여 기호를 써넣습니다.

풀이

• 안경을 쓴 여학생: ㉠, ㉣
• 안경을 안 쓴 여학생: ㉽
• 안경을 쓴 남학생: ㉢
• 안경을 안 쓴 남학생: ㉡, ㉺

답

	안경을 쓴 학생	안경을 안 쓴 학생
여학생	㉠, ㉣	㉽
남학생	㉢	㉡, ㉺

5-1 컵을 두 가지 기준으로 분류하시오.

	손잡이 있는 컵	손잡이 없는 컵
노란색		
빨간색		

핵심 예제 ❻

과일을 종류에 따라 분류하였습니다. 가장 많은 과일은 무엇입니까?

종류	사과	딸기	바나나	배
과일 수(개)	9	16	7	5

( )

전략

과일을 종류별로 분류한 결과를 보고 수가 가장 많은 과일은 무엇인지 알아봅니다.

풀이

과일 수를 비교하면 16>9>7>5입니다.
따라서 가장 많은 과일은 16개인 딸기입니다.

답 딸기

6-1 책을 종류에 따라 분류하였습니다. 가장 많은 책은 무엇입니까?

종류	위인전	과학	시집	만화
책 수(권)	24	12	8	6

( )

6-2 화분을 색깔에 따라 분류하였습니다. 가장 많은 색깔은 무엇입니까?

색깔	보라색	노란색	하늘색	분홍색
화분 수(개)	10	4	9	11

( )

핵심 예제 ❼

편의점에서 하루 동안 팔린 우유를 조사한 것입니다. 편의점에서 가장 많이 팔리는 종류의 우유를 더 준비해 두려고 합니다. 어떤 우유를 더 준비해야 합니까?

(   )

전략

우유를 종류별로 분류하고 그 수를 세어 가장 많이 팔린 우유가 무엇인지 알아봅니다.

풀이

종류	딸기 맛 우유	초콜릿 맛 우유	바나나 맛 우유	흰 우유
우유 수(갑)	4	6	7	3

➾ 팔린 우유 수를 비교하면 바나나 맛 우유가 7갑으로 가장 많이 팔렸으므로 바나나 맛 우유를 더 준비해야 합니다.

답 바나나 맛 우유

7-1 주영이네 반 학생들이 좋아하는 색깔을 조사한 것입니다. 주영이네 반에서 가장 많은 학생들이 좋아하는 색깔로 반 티를 맞추려고 한다면 반 티를 무슨 색으로 해야 합니까?

빨간색	파란색	초록색	노란색	빨간색	파란색	파란색	초록색
파란색	파란색	빨간색	파란색	초록색	노란색	초록색	파란색
노란색	노란색	초록색	노란색	파란색	빨간색	초록색	빨간색

(   )

2주

01 대화를 읽고 길이가 긴 끈을 가지고 있는 사람부터 차례로 이름을 쓰시오.

> 성희: 내가 가진 끈의 길이는 성냥개비로 3번이야.
>
> 정윤: 내가 가진 끈의 길이는 뼘으로 3번이야.
>
> 석준: 내가 가진 끈의 길이는 야구방망이로 3번이야.

( )

Tip ①

잰 횟수가 □으면 단위의 길이가 길수록 물건의 길이가 □니다.

02 도형의 각 변의 길이를 자로 재어 □ 안에 알맞은 수를 써넣으시오.

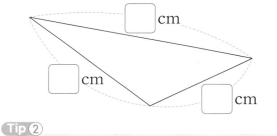

□ cm

□ cm

□ cm

Tip ②

각 변의 한쪽 □을 자의 눈금 0에 맞추고 다른 쪽 끝에 있는 □을 읽습니다.

03 학급 게시판의 긴 쪽의 길이를 가위로 재었더니 7번이었습니다. 가위의 길이가 14 cm라면 학급 게시판의 긴 쪽의 길이는 몇 cm인지 구하시오.

( )

Tip ③

단위길이가 ■ cm이고, 물건의 길이가 단위길이로 ▲번일 때, 물건의 길이는 □ cm를 ▲번 □한 길이와 같습니다.

04 주희와 태성이가 각각 6 cm를 어림하여 종이테이프를 잘랐습니다. 6 cm에 더 가깝게 어림한 사람은 누구입니까?

주희

태성

( )

Tip ④

두 사람이 자른 종이테이프의 길이를 재어 □ cm와의 차가 더 □은 사람을 찾습니다.

05 사탕을 두 가지 기준으로 분류하시오.

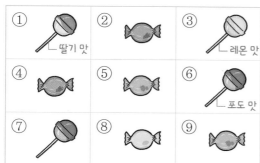

	막대가 있는 것	막대가 없는 것
딸기 맛		
레몬 맛		
포도 맛		

Tip ⑤

사탕을 [ ]가 있는 것과 없는 것으로 분류

하고, [ ]에 따라 분류합니다.

06 도형을 모양에 따라 분류하였습니다. 가장 많은 도형과 가장 적은 도형을 각각 구하시오.

모양	원	삼각형	사각형	오각형
개수(개)	4	5	8	6

가장 많은 도형 ( )
가장 적은 도형 ( )

Tip ⑥

도형을 [ ]에 따라 분류한 결과를 보고 가

장 많은 도형과 가장 [ ] 도형을 찾습니다.

07 마트에서 하루 동안 팔린 음료수를 조사한 것입니다. 물음에 답하시오.

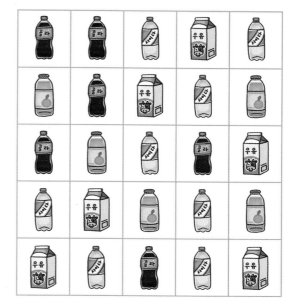

(1) 음료수를 종류에 따라 분류하고 그 수를 세어 보시오.

종류	콜라	사이다	우유	주스
개수(개)				

(2) 가게에서 가장 많이 팔린 종류의 음료수를 더 준비해 두려고 합니다. 어떤 음료수를 더 준비해야 합니까?
( )

Tip ⑦

음료수를 종류에 따라 분류하고 그 수를 세어

가장 [ ]이 팔린 음료수가 무엇인지 알아봅

니다. 음료수의 종류는 콜라, 사이다, 우유, 주스

로 [ ]가지입니다.

답 **Tip** ⑤ 막대, 맛 ⑥ 모양, 적은

답 **Tip** ⑦ 많, 4

2주

01 나뭇가지의 길이를 사인펜과 머리핀으로 잰 횟수입니다. 사인펜과 머리핀 중 길이가 더 짧은 물건은 무엇입니까?

사인펜	머리핀
4번	7번

( )

02 길이가 가장 긴 것을 찾아 기호를 쓰시오.

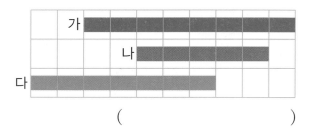

( )

03 옷핀의 길이는 약 몇 cm인지 자로 재어 보시오.

( )

04 대화를 보고 가장 긴 철사를 가지고 있는 사람을 찾아 이름을 쓰시오.

내 철사는 지우개로 8번이야. 정훈

내 철사는 목도리로 8번이야. 지현

내 철사는 내 신발로 8번이야. 세호

( )

05 은서, 나윤, 은결이가 각각 열쇠의 길이를 어림한 것입니다. 열쇠의 길이를 가장 가깝게 어림한 사람은 누구입니까?

은서	나윤	은결
약 7 cm	약 5 cm	약 6 cm

( )

06 쿠키를 분류한 기준으로 알맞은 것을 찾아 기호를 쓰시오.

| ㉠ 맛 | ㉡ 모양 | ㉢ 색깔 |

( )

07 도형을 분류한 것입니다. 잘못 분류된 도형을 찾아 기호를 쓰시오.

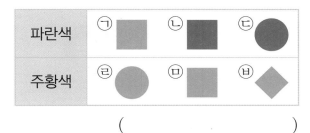

( )

08 학용품을 두 가지 기준으로 분류하시오.

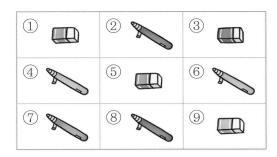

	파란색	보라색	노란색
지우개			
색연필			

09 단추를 모양에 따라 분류하고 그 수를 세어 보시오.

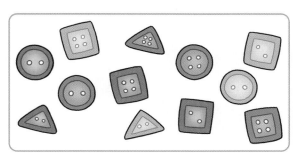

모양	□ 모양	△ 모양	○ 모양
세면서 표시하기	〻	〻	〻
단추 수 (개)			

10 접시를 색깔에 따라 분류하였습니다. 가장 많은 색깔은 무엇입니까?

색깔	흰색	노란색	하늘색	분홍색
접시 수(개)	6	2	5	4

( )

분류한 결과에서 색깔별 접시 수를 비교해요.

01 다음과 같은 규칙으로 사다리를 타고 내려가려고 합니다. 도착할 때까지 이동한 거리가 가장 긴 동물의 이름을 쓰고, 그 거리가 클립으로 몇 번인지 구하시오.

규칙
- 굵은 갈색 선(———)을 타고 내려갑니다.
- 아래로 내려가다 옆으로 가는 길이 나오면 반드시 옆으로 이동합니다.
- 아래와 옆으로만 움직일 수 있습니다.
- 회색 점선(------) 한 칸의 길이는 클립으로 1번 입니다.

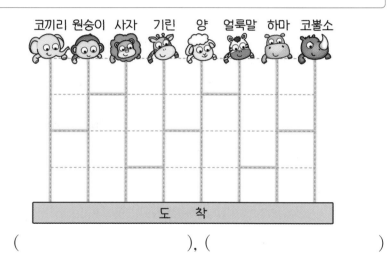

코끼리 원숭이 사자 기린 양 얼룩말 하마 코뿔소

도 착

(   ), (   )

02 제비가 3 cm 떨어진 점으로만 날아서 집까지 가려고 합니다. 이동한 점을 따라 집까지 선으로 이으시오.

Tip ①
- 동물별로 회색 점선 몇 [ ]을 지나가는지 알아봅니다.
- 회색 점선 ■칸을 이동했다면, 그 거리는 클립으로 [ ]번입니다.

규칙에 따라 동물별로 사다리를 타고 내려가면서 회색 점선 몇 칸을 이동하는지 알아보세요.

Tip ②
출발점에서 가까운 점 중에서 거리가 [ ]cm인 점을 찾고 같은 방법으로 계속 3 cm 떨어진 점을 따라 [ ]으로 잇습니다.

답 Tip ① 칸, ■ ② 3, 선

[03~04] **수연이네 동네 지도입니다. 지도에서 한 칸의 길이가 5 cm일 때 물음에 답하시오.**

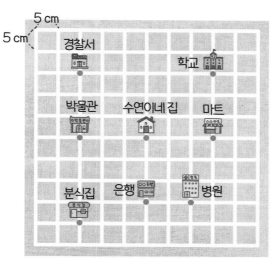

지도에서 보았을 때 수연이네 집에서 서쪽으로 15 cm 떨어진 곳에 박물관이 있어요.

03 지도에서 보았을 때 수연이네 집에서 남쪽으로 15 cm, 동쪽으로 10 cm 떨어진 곳에 있는 건물을 찾아 쓰시오.

( )

Tip ❸

남쪽으로 15 cm, 동쪽으로 10 cm 떨어진 곳은 남쪽으로 □칸 이동하고, 동쪽으로 □칸 이동한 위치입니다.

04 수연이가 집에서 출발하여 마트에서 간식을 사서 학교에 가려고 합니다. 지도에서 이동한 거리는 몇 cm입니까?
(단, 흰색 길을 따라 가장 가까운 길로 이동합니다.)

( )

Tip ❹

집에서 □로 이동한 거리와 마트에서 □로 이동한 거리의 합을 구합니다.

답 Tip ❸ 3, 2 ❹ 마트, 학교

[05 ~ 06] 어느 해 4월의 날씨를 조사하였습니다. 물음에 답하시오.

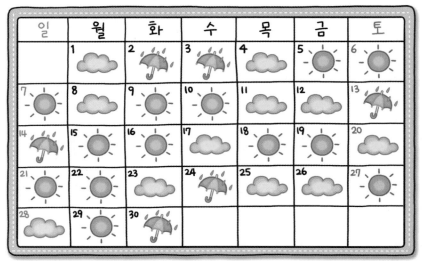

-☀-: 맑은 날   ☁: 흐린 날   ☂: 비 온 날

맑은 날, 흐린 날, 비 온 날을 모두 더하면 30일이에요.

05 날씨에 따라 분류하고 그 수를 세어 보시오.

날씨	☀ 맑은 날	☁ 흐린 날	☂ 비 온 날
날수(일)			

Tip ⑤

날씨에 따라 맑은 날, [   ]날,
[   ] 온 날의 수를 각각 세어 표에
써넣습니다.

06 알맞은 말에 ○표 하고, □ 안에 알맞은 수를 써넣으시오.

(1) 4월 한 달 동안 (맑은 , 흐린 , 비 온) 날이
[   ]일로 가장 많았습니다.

(2) 4월 한 달 동안 (맑은 , 흐린 , 비 온) 날이
[   ]일로 가장 적었습니다.

Tip ⑥

4월의 [   ]에 따라 분류한
결과를 보고 날수가 가장 많은
날씨와 가장 [   ] 날씨를 각각
구합니다.

답 Tip ⑤ 흐린, 비 ⑥ 날씨, 적은

07 다음과 같이 분류했을 때 ③에 알맞은 동물을 모두 찾아 기호를 쓰시오.

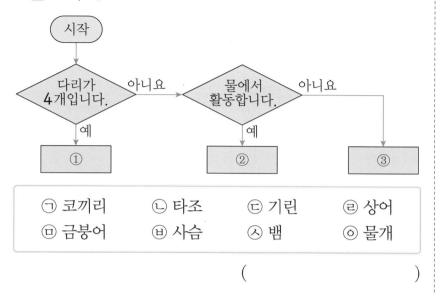

( )

Tip ⑦

• ①에 알맞은 동물은 다리가 ▢개인 동물입니다.

• ②에 알맞은 동물은 다리가 4개가 아니고 ▢에서 활동하는 동물입니다.

• ③에 알맞은 동물은 다리가 4개가 아니고 물에서 활동하지 않는 동물입니다.

2주

08 놀이공원에서 재민이가 누구인지 찾아 ○표 하시오.

• 재민이는 초록색 풍선을 들고 있습니다.
• 재민이는 여자입니다.
• 재민이는 안경을 썼습니다.

Tip ⑧

초록색 풍선을 들고 있는 사람을 모두 찾고, 그중에서 ▢이면서 안경을 ▢ 사람을 찾아 ○표 합니다.

01 원은 모두 몇 개입니까?

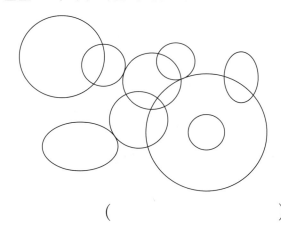

(   )

Tip ①

길쭉하거나 찌그러진 곳 ☐ 이 어느 쪽에서

보아도 똑같이 ☐ 모양을 찾습니다.

원은 동그란
모양이에요.

02 도형을 2개씩 짝 지어 늘어놓았습니다. 변의 수의 합에서 규칙을 찾아 ☐ 안에 알맞은 도형을 그려 넣으시오.

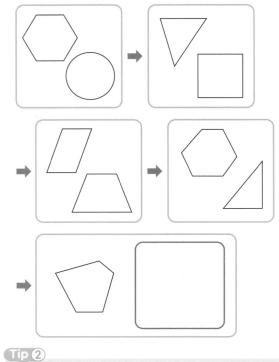

Tip ②

점과 ☐ 사이를 연결한 ☐ 선을 각각 세어 더했을 때 어떤 규칙이 있는지 알아봅니다.

03 칠교판 조각을 모두 한 번씩 이용하여 다음 모양을 완성하시오.

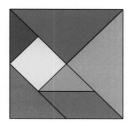

(1) 요술 램프

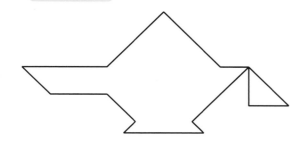

(2) 토끼

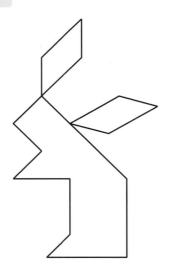

Tip ③

칠교판의 조각 ☐ 개를 모두 이용하여 모양을 완성합니다.

04 선 긋기 순서를 보고 알맞게 선을 그으시오.

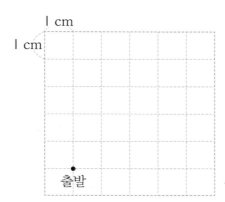

출발점에서 시작

→ 방향으로 **4** cm 이동하면서 선 긋기

↑ 방향으로 **3** cm 이동하면서 선 긋기

← 방향으로 **ㅣ** cm 이동하면서 선 긋기

↑ 방향으로 **2** cm 이동하면서 선 긋기

ㅣ cm

ㅣ cm

출발

Tip ④

4 cm는 ㅣ cm가 ☐ 번, 3 cm는 ㅣ cm가 ☐ 번, 2 cm는 ㅣ cm가 2번이므로 알맞은 칸 수를 세어 선을 긋는다.

답 Tip ③ 7

답 Tip ④ 4, 3

05 나비와 벌이 한 마리씩 있습니다. 나비는 2 cm 거리에 있는 꽃에서만 꿀을 모을 수 있고, 벌은 3 cm 거리에 있는 꽃에서만 꿀을 모을 수 있습니다. 나비와 벌이 꿀을 모을 수 있는 꽃은 모두 몇 송이인지 구하시오.

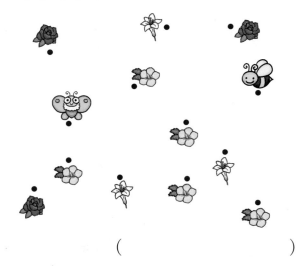

(   )

Tip ⑤

나비와 벌에 자의 눈금 ☐ 을 맞춘 다음 꽃과의 거리를 재어 나비와의 거리가 눈금 ☐ 이거나 벌과의 거리가 눈금 3의 위치에 있는 꽃의 수를 세어 봅니다.

06 종이테이프의 길이를 연필과 못을 이용하여 각각 잰 것입니다. 연필 한 자루의 길이가 7 cm일 때 못 한 개의 길이는 몇 cm일까요?

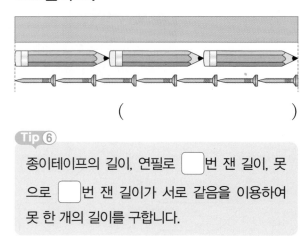

(   )

Tip ⑥

종이테이프의 길이, 연필로 ☐ 번 잰 길이, 못으로 ☐ 번 잰 길이가 서로 같음을 이용하여 못 한 개의 길이를 구합니다.

종이테이프의 길이는 7 cm로 3번이에요.

07 하준이는 어머니와 함께 마트에 갔습니다. 사야 할 물건은 바지, 귤, 색연필, 우유입니다. 물건을 사야 할 층에 맞게 선을 긋고, 가능한 한 짧은 거리를 이동하여 모든 물건을 살 수 있는 방법을 설명하시오.

4층	의류
3층	전자 제품
2층	문구, 화장품
1층	식품, 계산대

설명 _____

_____

_____

Tip 7

사야 할 물건을 층수에 따라 [ ] 해 봤을 때 몇 층을 들러야 하는지를 보고 가장 [ ] 거리를 이동할 수 있도록 순서를 매겨 봅니다.

08 아린이는 다음과 같이 도도인 것과 도도가 아닌 것을 분류하려고 합니다. 주어진 것 중에서 도도를 모두 찾아 쓰시오.

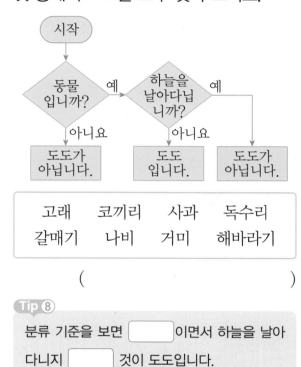

| 고래 | 코끼리 | 사과 | 독수리 |
| 갈매기 | 나비 | 거미 | 해바라기 |

(_____)

Tip 8

분류 기준을 보면 [ ]이면서 하늘을 날아다니지 [ ] 것이 도도입니다.

고난도 해결 전략 1회

01 세 도형의 변의 수의 합은 몇 개입니까?

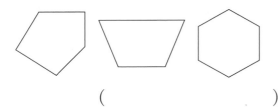

( )

02 수지는 쌓기나무 25개를 가지고 있습니다. 다음과 같은 두 모양을 똑같이 만들고 남는 쌓기나무는 몇 개입니까?

( )

03 칠교판의 다섯 조각을 모두 이용하여 사각형을 만드시오.

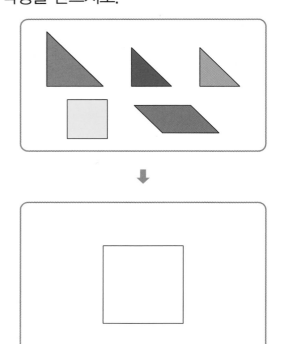

칠교판의 삼각형 조각 3개와 사각형 조각 2개를 이용하여 사각형을 만들어 보세요.

04 왼쪽 도형보다 꼭짓점의 수가 1개 더 많고 도형의 안쪽에 점이 5개 있는 도형을 오른쪽에 그리시오.

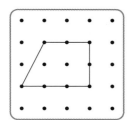 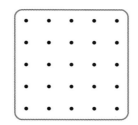

05 왼쪽 모양을 오른쪽 모양과 똑같이 만들려고 합니다. 쌓기나무는 몇 개를 빼야 합니까?

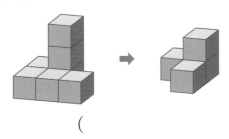

( )

06 색종이를 점선을 따라 잘랐을 때 생기는 삼각형과 사각형의 수의 차를 구하려고 합니다. 물음에 답하시오.

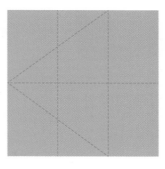

(1) 점선을 따라 잘랐을 때 생기는 삼각형은 몇 개입니까?

( )

(2) 점선을 따라 잘랐을 때 생기는 사각형은 몇 개입니까?

( )

(3) 점선을 따라 잘랐을 때 생기는 삼각형과 사각형의 수의 차는 몇 개입니까?

( )

점선을 따라 자르면 10개의 조각이 생겨요.

07 쌓기나무 1개를 옮겨 왼쪽 모양을 오른쪽 모양과 똑같이 만들려고 합니다. ◯ 안에 알맞은 번호를 써넣으시오.

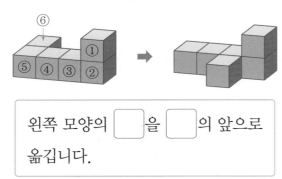

왼쪽 모양의 ◻️ 을 ◻️ 의 앞으로 옮깁니다.

08 똑같은 모양으로 쌓을 때 쌓기나무가 적게 필요한 것부터 차례로 기호를 쓰시오.

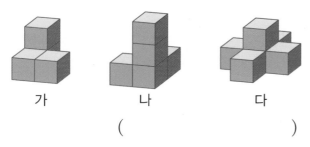

가   나   다

(   )

[09 ~ 10] **그림을 보고 물음에 답하시오.**

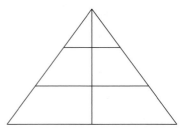

09 그림에서 찾을 수 있는 크고 작은 사각형은 모두 몇 개입니까?

(   )

10 그림에서 찾을 수 있는 크고 작은 삼각형은 모두 몇 개입니까?

(   )

선으로 나누어진 도형에 각각 번호를 붙이고 도형 1개, 2개, 3개, ...로 이루어진 삼각형과 사각형을 모두 찾아보세요.

11 보기의 모양에서 될 수 있는 대로 적은 개수의 쌓기나무를 옮겨서 모양을 만들려고 합니다. 쌓기나무를 가장 많이 옮겨야 만들 수 있는 모양은 어느 것입니까?

....(   )

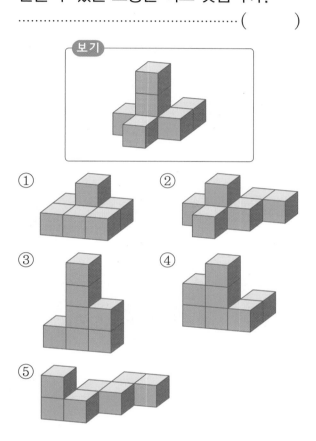

12 색종이를 그림과 같이 접은 다음 펼쳐서 접힌 선을 따라 잘랐습니다. 어떤 도형이 몇 개 만들어지는지 알아보시오.

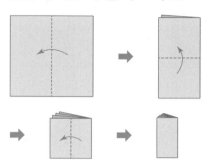

(1) 접었다 펼친 색종이에 생기는 선을 모두 표시하시오.

(2) 접힌 선을 따라 자르면 어떤 도형이 몇 개 만들어집니까?

도형 (   )

개수 (   )

마지막 접은 모양에서 펼친 모양을 차례로 생각해 보세요.

01 연두색 분필과 분홍색 분필 중에서 무슨 색 분필이 몇 cm 더 깁니까?

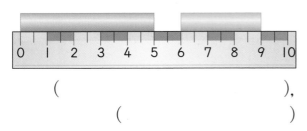

(   ),
(   )

02 건전지의 길이는 약 몇 cm입니까?

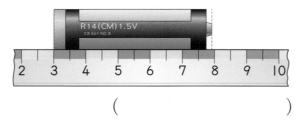

(   )

03 세 사람의 대화를 보고 길이가 긴 철사를 가지고 있는 사람부터 차례로 이름을 쓰시오.

현정

내가 가진 철사의 길이는 내 신발로 3번이야.

내가 가진 철사의 길이는 내 다리 길이로 3번이야.

윤호

내가 가진 철사의 길이는 새끼손가락으로 3번이야.

정민

(   )

세 사람이 잰 횟수가 3번으로 모두 같아요.

04 책장의 긴 쪽의 길이를 동화책 짧은 쪽의 길이로 재었더니 5번이었습니다. 동화책 짧은 쪽의 길이가 17 cm라면 책장의 긴 쪽의 길이는 몇 cm인지 구하시오.

( )

05 소현이와 주민이가 각각 4 cm를 어림하여 색 테이프를 잘랐습니다. 4 cm에 더 가깝게 어림한 사람은 누구입니까?

소현

주민

( )

06 단위길이 ㉮와 ㉯로 막대의 길이를 재었습니다. 막대의 길이는 단위길이 ㉮로 9번이고, 단위길이 ㉯로 3번입니다. 단위길이 ㉯는 단위길이 ㉮로 몇 번인지 구하시오.

(1) 단위길이 ㉮만큼 선을 그으시오.

(2) 단위길이 ㉯만큼 선을 그으시오.

(3) 단위길이 ㉯는 단위길이 ㉮로 몇 번입니까?

( )

같은 물건을 재었을 때 잰 횟수가 적을수록 단위길이가 길어요.

07 접시를 분류한 기준으로 알맞은 것을 찾아 기호를 쓰시오.

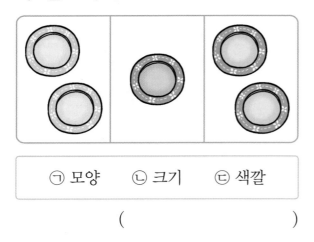

ㄱ 모양   ㄴ 크기   ㄷ 색깔

(   )

08 여러 가지 물건을 분류한 것입니다. <u>잘못</u> 분류된 물건을 찾아 기호를 쓰시오.

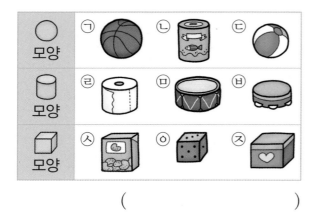

(   )

09 가위를 색깔에 따라 분류하고 그 수를 세어 보시오.

색깔	파란색	초록색	보라색
세면서 표시하기	〤〤 〤〤	〤〤 〤〤	〤〤 〤〤
가위 수 (개)			

가위를 색깔에 따라 파란색, 초록색, 보라색으로 분류할 수 있어요.

>> 정답과 풀이 38쪽

10 학용품을 두 가지 기준으로 분류하시오.

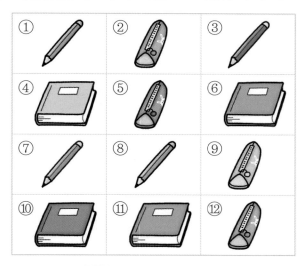

	연필	공책	필통
노란색			
파란색			
분홍색			

학용품을 종류와 색깔에 따라 두 가지 기준으로 분류할 수 있어요.

11 우연이는 집에 있는 단추를 모양별로 분류해 본 후 다시 구멍 수에 따라 분류하였습니다. 구멍이 2개인 단추가 구멍이 4개인 단추보다 1개 더 많을 때 구멍이 4개인 단추는 몇 개인지 알아보시오.

모양별 단추 수

모양	원	사각형
단추 수(개)	12	6

구멍 수별 단추 수

구멍 수	2개	3개	4개
단추 수(개)		3	

(1) 단추는 모두 몇 개입니까?

(   )

(2) 구멍이 2개인 단추와 구멍이 4개인 단추는 모두 몇 개입니까?

(   )

(3) 구멍이 4개인 단추는 몇 개입니까?

(   )

배움으로 행복한 내일을 꿈꾸는
천재교육 커뮤니티 안내

교재 안내부터 구매까지 한 번에!
천재교육 홈페이지

자사가 발행하는 참고서, 교과서에 대한 소개는 물론
도서 구매도 할 수 있습니다. 회원에게 지급되는 별을 모아
다양한 상품 응모에도 도전해 보세요!

다양한 교육 꿀팁에 깜짝 이벤트는 덤!
천재교육 인스타그램

천재교육의 새롭고 중요한 소식을 가장 먼저 접하고 싶다면?
천재교육 인스타그램 팔로우가 필수!
깜짝 이벤트도 수시로 진행되니 놓치지 마세요!

수업이 편리해지는
천재교육 ACA 사이트

오직 선생님만을 위한, 천재교육 모든 교재에 대한 정보가 담긴
아카 사이트에서는 다양한 수업자료 및 부가 자료는 물론
시험 출제에 필요한 문제도 다운로드하실 수 있습니다.

https://aca.chunjae.co.kr

천재교육을 사랑하는 샘들의 모임
천사샘

학원 강사, 공부방 선생님이시라면 누구나 가입할 수 있는 천사샘!
교재 개발 및 평가를 통해 교재 검토진으로 참여할 수 있는 기회는 물론
다양한 교사용 교재 증정 이벤트가 선생님을 기다립니다.

아이와 함께 성장하는 학부모들의 모임공간
튠맘 학습연구소

튠맘 학습연구소는 초·중등 학부모를 대상으로 다양한 이벤트와 함께
교재 리뷰 및 학습 정보를 제공하는 네이버 카페입니다.
초등학생, 중학생 자녀를 둔 학부모님이라면 튠맘 학습연구소로 오세요!

book.chunjae.co.kr

교재 내용 문의	교재 홈페이지 ▶ 초등 ▶ 교재상담
교재 내용 외 문의	교재 홈페이지 ▶ 고객센터 ▶ 1:1문의
발간 후 발견되는 오류	교재 홈페이지 ▶ 초등 ▶ 학습지원 ▶ 학습자료실

일등공략 필승학습!
단기간에 끝장내자!

일등
전략

초등 수학
2·1

BOOK 3
정답과 풀이

 천재교육

정답은
이안에
있어!

정답과 풀이

BOOK1

일등 전략 2-1

1주 1일

01 (1) × (2) × (3) ◯ **02** (1) 팔백 (2) 600
03 (1) 226 (2) 340 **04** (1) 659 (2) 810
05 (1) 300 (2) 30 **06** (1) 485 (2) 301
07 예 800 > 745 **08** 825
09 395, 502, 503 **10** 나 마을
11 (1) 862 (2) 268 **12** (1) 9 (2) 0 (3) 9

01 (1) 10이 9인 수 ⇨ 90
　　(2) 90보다 9만큼 더 큰 수 ⇨ 99
　　(3) 99보다 1만큼 더 큰 수 ⇨ 100

02 (1) $\underset{\text{팔백}}{800}$ (2) $\underset{600}{\text{육백}}$

03 (1) 백 모형이 2개, 십 모형이 2개, 일 모형이 6개이므로 수 모형이 나타내는 수는 226입니다.
　　(2) 백 모형이 3개, 십 모형이 4개이므로 수 모형이 나타내는 수는 340입니다.

04 (1) $\underset{600}{\text{육백}}\ \underset{50}{\text{오십}}\ \underset{9}{\text{구}}$ ⇨ 659
　　(2) $\underset{800}{\text{팔백}}\ \underset{10}{\text{십}}$ ⇨ 810

05 (1) 3$\underset{\text{→ 백의 자리 숫자, 300}}{2}$0
　　(2) 7$\underset{\text{→ 십의 자리 숫자, 30}}{3}$9

06 (1) 10씩 뛰어서 센 것입니다.
　　(2) 1씩 뛰어서 센 것입니다.

07 ■는 ▲보다 큽니다. ⇨ ■ > ▲

08 $825 > 814$
　　　$\underset{2>1}{}$

09 백의 자리 수가 가장 작은 395가 가장 작고, 502와 503의 크기를 비교하면 502가 더 작습니다.

10 큰 수를 찾아야 하므로 277 < 302에서 나 마을의 병원 수가 더 많습니다.

11 8 > 6 > 2이므로 가장 큰 세 자리 수는 큰 수부터 차례로 놓은 862이고, 가장 작은 세 자리 수는 작은 수부터 차례로 놓은 268입니다.

12 (1) $818 < 81\square$이므로 $\square = 9$입니다.
　　　　$\underset{8<\square}{}$
　　(2) $\square = 1$이라면 517 < 519 (×)
　　　　$\square = 0$이라면 517 > 509 (◯)
　　(3) $\square = 8$이라면 892 > 889 (×)
　　　　$\square = 9$라면 892 < 989 (◯)

01 630 **02** 924, 구백이십사
03 민희
04 (위에서부터) 338, 348, 368
05 600원 **06** 6, 7, 8, 9에 ◯표

01 숫자 6이 나타내는 값이 867은 60, 106은 6, 630은 600을 나타냅니다.

02 백의 자리 숫자, 십의 자리 숫자, 일의 자리 숫자를 차례로 써 봅니다.
924 ⇨ 구백이십사

03 415<490이므로 민희가 종이배를 더 많이 접었습니다.

04 318−328로 십의 자리 수가 1씩 커졌으므로 10씩 뛰어서 센 것입니다.

05 100원짜리 5개는 500원, 10원짜리 10개는 100원이므로 모두 600원입니다.

06 ☐ 안에 6을 넣었을 때 크기를 비교해 보면 764<765이므로 ☐ 안에는 6, 7, 8, 9가 들어갈 수 있습니다.

필수 체크 전략 1	14~17쪽
1-1 80	1-2 500
2-1 6개	2-2 11개
3-1 재현	
4-1 538개	4-2 735개
5-1 799, 789	5-2 500, 499
6-1 657, 707	6-2 226, 231
7-1 617	7-2 686
8-1 120원, 111원, 21원	
8-2 210원, 201원, 111원, 102원, 12원	

1-1 638에서 십의 자리 숫자가 나타내는 값은 30이고, 158에서 십의 자리 숫자가 나타내는 값은 50입니다.
⇨ 30+50=80

1-2 287에서 백의 자리 숫자가 나타내는 값은 200이고, 750에서 백의 자리 숫자가 나타내는 값은 700입니다.
⇨ 700−200=500

2-1 798부터 805까지 수를 차례로 세어 보면
798−799−800−801−802−
　　　799보다 크고 805보다 작은 수
803−804−805로 6개입니다.

2-2 296부터 308까지 수를 차례로 세어 보면
296−297−298−299−300−
301−302−303−304−305−
　　296보다 크고 308보다 작은 수
306−307−308로 11개입니다.

3-1 재현: 100장씩 6묶음: 600장
　　　　10장씩 5묶음:　50장
　　　　　　　　　　　650장
민희: 육백이십 장 ⇨ 620장
⇨ 650과 620의 크기를 비교하면 650이 더 크므로 재현이가 색종이를 더 많이 가지고 있습니다.

4-1 100개씩 5봉지: 500개
　　　10개씩 2봉지:　20개
　　　낱개 18개:　　18개
　　　　　　　　　　538개

4-2 100개씩 6봉지: 600개
10개씩 13봉지: 130개
낱개 5개:　　5개
　　　　　　 735개

5-1 829−819−809로 십의 자리 수가 1씩
작아지고 있으므로 10씩 거꾸로(작아지게)
뛰어서 센 규칙입니다.
따라서 809보다 10만큼 더 작은 수인 799,
799보다 10만큼 더 작은 수인 789를 차
례로 씁니다.

5-2 503−502−501로 일의 자리 수가 1씩
작아지고 있으므로 1씩 거꾸로(작아지게)
뛰어서 센 규칙입니다.
따라서 501보다 1만큼 더 작은 수인
500, 500보다 1만큼 더 작은 수인 499
를 차례로 씁니다.

6-1 백의 자리와 십의 자리를 살펴보면
507−557−607로 50씩 뛰어서 센 것
입니다.
따라서 607보다 50만큼 더 큰 수인 657,
657보다 50만큼 더 큰 수인 707을 차례
로 씁니다.

6-2 십의 자리와 일의 자리를 살펴보면
211−216−221로 5씩 뛰어서 센 것
입니다.
따라서 221보다 5만큼 더 큰 수인 226,
226보다 5만큼 더 큰 수인 231을 차례로
씁니다.

7-1 517−537−557−577−597−
617로 517부터 20씩 5번 뛰어서 센 수
는 617입니다.

7-2 566−586−606−626−646−
666−686으로 566부터 20씩 6번 뛰
어서 센 수는 686입니다.

8-1

100원짜리(개)	1	1	0
10원짜리(개)	2	1	2
1원짜리(개)	0	1	1
금액	120원	111원	21원

8-2

100원짜리(개)	2	2	1	1	0
10원짜리(개)	1	0	1	0	1
1원짜리(개)	0	1	1	2	2
금액	210원	201원	111원	102원	12원

필수 체크 전략 2　　　　　18~19쪽

01 807	02 47
03 5개	04 210
05 ㉠	06 3가지
07 203	08 720원

01 207−307−407−507−607−
707−807로 207에서 100씩 6번 뛰
어서 센 수는 807입니다.

02 100이 3: 300
    10이 15: 150
    1이 20: 20
    ───────────
        470
⇨ 470은 10이 47인 수와 같습니다.

03 825보다 크고 879보다 작은 8□3은
833, 843, 853, 863, 873으로 모두
5개입니다.

04 십의 자리 숫자가 2인 세 자리 수는 ■2▲
의 모양이고, 이 중 가장 작은 경우는 120
입니다. 120에서 10씩 9번 뛰어서 센 수는
120−130−140−150−160−
170−180−190−200−210으로
210입니다.

05 ㉠ 715−735−755−775−795로
795입니다.
  ㉡ 457−507−557−607−657−
707로 707입니다.
⇨ 795＞707이므로 ㉠이 더 큽니다.

06 500원짜리 2개 ⇨ 1000원
500원짜리 1개, 100원짜리 5개
⇨ 1000원
100원짜리 10개 ⇨ 1000원
따라서 모두 3가지입니다.

07 258에서 1씩 거꾸로 5번 뛰어서 세면
258−257−256−255−254−
253이고,

253에서 10씩 거꾸로 5번 뛰어서 세면
253−243−233−223−213−
203으로 203입니다.

08 예준: 100원짜리 동전 2개: 200원 ⎫
    10원짜리 동전 15개: 150원 ⎭ 350원
지현: 350−450−550−650으로
650원입니다.
세호: 650−660−670−680−
690−700−710−720으로
720원입니다.

1-1 5개	1-2 4개
2-1 우민, 준희, 정욱	2-2 희연, 수정, 태정
3-1 304	3-2 208
4-1 6개	4-2 6개
5-1 4개	5-2 4개
6-1 473	6-2 902
7-1 ㉢, ㉡, ㉠	7-2 ㉡, ㉢, ㉠
8-1 229	

1-1 ① □＝4라면 242＜248로
4가 들어갈 수 있습니다.
② 2□2＜248에서 □＜4이므로
□＝3, 2, 1, 0이 들어갈 수 있습니다.
⇨ 4, 3, 2, 1, 0(5개)

1-2 ① □=6이라면 679>676으로
6은 들어갈 수 있습니다.
② □79>676에서 □>6이므로
□=7, 8, 9가 들어갈 수 있습니다.
⇨ 6, 7, 8, 9(4개)

2-1 백의 자리 수를 비교하면 4□0이 가장 큰
수입니다.
32□와 38□의 크기를 비교하면
38□가 더 큽니다.
따라서 우표를 많이 모은 사람부터 이름을
쓰면 우민, 준희, 정욱입니다.

2-2 백의 자리 수를 비교하면 1□8이 가장 작
은 수입니다.
23□와 27□의 크기를 비교하면 27□가
더 큽니다.
따라서 우표를 많이 모은 사람부터 이름을
쓰면 희연, 수정, 태정입니다.

3-1 0<3<4<9이므로 가장 작은 세 자리 수
는 304입니다.

3-2 0<2<7<8이므로 가장 작은 세 자리 수
는 207이고, 두 번째로 작은 세 자리 수는
208입니다.

4-1 백의 자리에 올 수 있는 수 카드는 2뿐이므로
2□□가 될 수 있는 수를 찾아봅니다.
⇨ 204, 209, 240, 249, 290, 294
로 모두 6개입니다.

4-2 백의 자리에 올 수 있는 수 카드는 8뿐이므로
8□□가 될 수 있는 수를 찾아봅니다.
⇨ 806, 807, 860, 867, 870, 876
으로 모두 6개입니다.

5-1 백의 자리 숫자가 7, 일의 자리 숫자가 4인
세 자리 수는 7□4로 나타낼 수 있습니다.
7□4>763이 되는 경우를 살펴보면
7□4는 764, 774, 784, 794이므로
모두 4개입니다.

5-2 십의 자리 숫자가 3, 일의 자리 숫자가 0인
세 자리 수는 □30으로 나타낼 수 있습니다.
□30<475가 되는 경우를 살펴보면
□30은 430, 330, 230, 130으로 모
두 4개입니다.

6-1 십의 자리 숫자가 7인 세 자리 수이므로
□7△로 나타낼 수 있습니다.
□와 △에 수를 넣어 세 자리 수를 만들어
보면 374, 378, 473, 478, 873,
874로 세 번째로 작은 수는 473입니다.

6-2 일의 자리 숫자가 2인 세 자리 수이므로
□△2로 나타낼 수 있습니다.
□와 △ 안에 수를 넣어 세 자리 수를 만들
어 보면 402, 492, 902, 942로 두 번
째로 큰 수는 902입니다.

7-1 ㉠ 406보다 100만큼 더 큰 수: 506
㉡ 558보다 10만큼 더 작은 수: 548
㉢ 550보다 1만큼 더 작은 수: 549
⇨ ㉢ 549 > ㉡ 548 > ㉠ 506

7-2 ㉠ 879보다 100만큼 더 작은 수: 779

㉡ 962보다 10만큼 더 큰 수: 972

㉢ 959보다 1만큼 더 큰 수: 960

➡ ㉡ 972 > ㉢ 960 > ㉠ 779

8-1 ㉠ 203보다 크고 278보다 작으므로 백의 자리 숫자는 2입니다.

㉡ 백의 자리 숫자와 십의 자리 숫자는 같으므로 십의 자리 숫자는 2입니다.

㉢ 십의 자리 숫자와 일의 자리 숫자의 합은 11이므로 일의 자리 숫자는 11−2=9입니다.

따라서 세 자리 수는 229입니다.

필수 체크 전략 2 　　　　24~25쪽

01 ㉢, ㉡, ㉠	**02** 240
03 ㉢, ㉠, ㉡, ㉣	**04** 6개
05 18개	**06** 4, 5, 6
07 393	
08 740, 641, 542, 443	

01 ㉠ 608 ㉡ 708 ㉢ 799

➡ ㉢ > ㉡ > ㉠

02 0 < 2 < 4 < 7이므로 가장 작은 세 자리 수는 204이고, 두 번째로 작은 세 자리 수는 207, 세 번째로 작은 세 자리 수는 240입니다.

03 백의 자리 숫자를 보면 6과 3으로 나뉩니다.

60□와 69□의 십의 자리 숫자를 비교하면 69□가 더 큽니다.

35□와 30□의 십의 자리 숫자를 비교하면 35□가 더 큽니다.

➡ ㉢ 69□ > ㉠ 60□ > ㉡ 35□ > ㉣ 30□

04 222 < 2□8 < 285인 경우를 살펴보면 2□8는 228, 238, 248, 258, 268, 278로 모두 6개입니다.

05 백의 자리 숫자가 2일 때:
205, 208, 250, 258, 280, 285
백의 자리 숫자가 5일 때:
502, 508, 520, 528, 580, 582
백의 자리 숫자가 8일 때:
802, 805, 820, 825, 850, 852
➡ 18개

06 4□8 < 475에서 □=0, 1, 2, 3, 4, 5, 6이 들어갈 수 있고, □56 > 423에서 □=4, 5, 6, 7, 8, 9가 들어갈 수 있습니다. 따라서 □ 안에 공통으로 들어갈 수 있는 수는 4, 5, 6입니다.

07 ㉠, ㉡의 조건으로 알맞은 수는 373, 383, 393, 404, 414입니다. 이 중에서 백의 자리 숫자와 십의 자리 숫자의 합이 12인 수는 393입니다.

08 □4△에서 □+4+△=11, □+△=7 □가 △보다 큰 경우는 (□, △)가 (7, 0), (6, 1), (5, 2), (4, 3)입니다.

➡ 740, 641, 542, 443

누구나 만점 전략	26~27쪽
01 237, 839	02 457, 사백오십칠
03 민우, 정현, 성진	04 ①, ④
05 254점	06 920원
07 843, 348	08 >
09 8개	10 14개

01 숫자 3이 십의 자리에 있으면 30을 나타내므로 십의 자리 숫자가 3인 수를 찾아보면 237, 839입니다.

02 십의 자리 수가 1씩 커지므로 10씩 뛰어서 센 것입니다.
⇨ 417 − 427 − 437 − 447 − 457
(사백오십칠)

03 백의 자리 숫자는 모두 8로 같으므로 십의 자리 숫자를 비교하면 804가 가장 작습니다. 842와 840의 크기를 비교하면 842가 더 큽니다.

04 ② 1000은 990보다 10만큼 더 큰 수입니다.
③ 1000은 900보다 100만큼 더 큰 수입니다.
⑤ 1000은 900에서 1씩 100번 뛰어서 센 수입니다.

05
100점짜리 2개:	200점
10점짜리 5개:	50점
1점짜리 4개:	4점
	254점

06
500원짜리가 1개:	500원
100원짜리가 3개:	300원
10원짜리가 12개:	120원
	920원

07 8>4>3이므로 가장 큰 수는 843이고, 가장 작은 수는 348입니다.

08 ●가 9보다 작으면 794>7●3이고,
●=9이어도 794>793이므로
794>7●3입니다.

09 400원짜리 연필이 2자루이면 800원이므로 100원짜리 동전이 8개 필요합니다.

10 628<□1△<814에서
□가 6이라면 만족하는 수가 없습니다.
□가 7이라면 710, 711, 712, 713, 714, 715, 716, 717, 718, 719로 모두 10개입니다.
□가 8이라면 810, 811, 812, 813으로 4개입니다.
따라서 조건에 만족하는 수는 모두 14개입니다.

01 316 02 520, 오백이십

03 120원

04 예

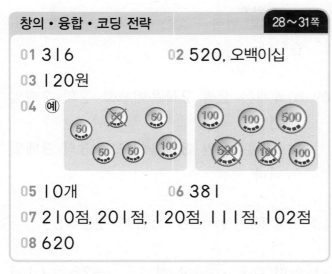

05 10개 06 381

07 210점, 201점, 120점, 111점, 102점

08 620

01 ◯는 100, △는 10, □는 1을 나타냅니다.

◯(100)이 3개: 300
△(10)이 1개: 10
□(1)이 6개: 6
―――――――――
316

02 ♀이 5개, ∩이 2개 있으므로 520을 나타내고, '오백이십'이라고 읽습니다.

03 100원짜리 동전은 12개이므로 120원입니다.

04 · 300원: 100원짜리 동전이 1개 있으므로 50원짜리 동전으로 200원을 만들어야 합니다.
따라서 50원짜리 동전을 1개 지웁니다.
· 800원: 500원짜리 동전이 2개이면 1000원이 되므로 500원짜리 동전을 한 개 지웁니다.
나머지 동전으로 300원을 만들어야 하므로 100원짜리 동전을 1개 지웁니다.

05 세 자리 수 중 백의 자리 숫자가 6인 팔린드롬 수가 되려면 일의 자리 숫자도 6이 되어야 합니다. 따라서 6□6으로 나타낼 수 있는 수는 606, 616, 626, 636, 646, 656, 666, 676, 686, 696으로 10개입니다.

06
402 → 403 → 393 → 394 → 395
→ 385 → 375 → 374 → 373 → 372
→ 371 → 381

07
인형	100점짜리	10점짜리	1점짜리		점수(점)
떨어트린 개수 (개)	2	1	0	⇨	210
	2	0	1	⇨	201
	1	2	0	⇨	120
	1	1	1	⇨	111
	1	0	2	⇨	102

08 220은 550보다 크지 않으므로 100만큼 뛰어서 세면 320,
320은 550보다 크지 않으므로 100만큼 뛰어서 세면 420,
420은 550보다 크지 않으므로 100만큼 뛰어서 세면 520,
520은 550보다 크지 않으므로 100만큼 뛰어서 세면 620,
620은 550보다 크므로 결과 값은 620입니다.

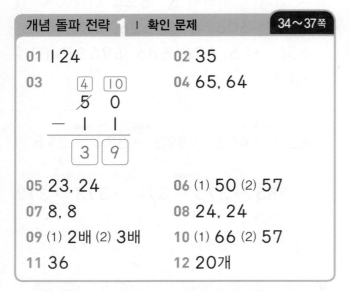

2주 1일

| 개념 돌파 전략 1 ㅣ 확인 문제 | 34~37쪽 |

01 124

02 35

03
$$\begin{array}{r} \boxed{4} \ \boxed{10} \\ \cancel{5} \ 0 \\ - \ 1 \ 1 \\ \hline \boxed{3} \ \boxed{9} \end{array}$$

04 65, 64

05 23, 24

06 (1) 50 (2) 57

07 8, 8

08 24, 24

09 (1) 2배 (2) 3배

10 (1) 66 (2) 57

11 36

12 20개

---

01 8＋6＝14이므로 십의 자리로 받아올림해야 합니다.
1＋5＋6＝12이므로 백의 자리로 받아올림해야 합니다.

02
$$\begin{array}{r} 4 \ 10 \\ \cancel{5} \ 2 \\ - \ 1 \ 7 \\ \hline 3 \ 5 \end{array}$$

03 일의 자리의 계산에서 0－1을 계산할 수 없으므로 십의 자리에서 받아내림합니다.

04 50에 15를 더한 다음 1을 뺍니다.

05 43에서 20을 뺀 결과인 23에 1을 더합니다.

06 (1) 42－14＝28, 28＋22＝50
(2) 50＋26＝76, 76－19＝57

07 2씩 4묶음과 2의 4배는 8입니다.

08 6을 4번 더하는 것은 6×4로 나타낼 수 있습니다.

09 (1) 4개는 2씩 2묶음이므로 2의 2배입니다.
(2) 9개는 3씩 3묶음이므로 3의 3배입니다.

10 (1) 47＋19＝66 (2) 82－25＝57

11 어떤 수를 ☐라고 하면 ☐－25＝11입니다.
☐＝25＋11＝36

12 한 줄에 5개씩 4줄이므로 5×4＝20(개)입니다.

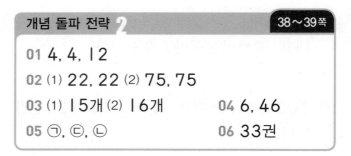

| 개념 돌파 전략 2 | 38~39쪽 |

01 4, 4, 12

02 (1) 22, 22 (2) 75, 75

03 (1) 15개 (2) 16개

04 6, 46

05 ㉠, ㉢, ㉡

06 33권

---

01 3씩 4번 뛰어 세면 12입니다.
⇨ 3×4＝12

02 (1) 70－48＝22
따라서 22＋48＝70입니다.
(2) 91－16＝75
따라서 91－75＝16입니다.

03 (1) 5씩 3줄이므로 5×3＝15입니다.
(2) 4씩 4줄이므로 4×4＝16입니다.

04 $36-17=19$,
- 19보다 13만큼 더 작은 수
  $\Rightarrow 19-13=6$
- 19보다 27만큼 더 큰 수
  $\Rightarrow 19+27=46$

05 ㉠ $72-16+35$ ㉡ $67+25-39$
   $\underbrace{56}\quad\underbrace{92}$
   $\quad\underbrace{91}\qquad\underbrace{53}$
   ㉢ $59+32-17$
   $\underbrace{91}$
   $\quad\underbrace{74}$

06 $44+27-38=33$(권)
   $\underbrace{71}$
   $\quad\underbrace{33}$

2주 2일

필수 체크 전략 1 | 40~43쪽

1-1 70	**1-2** 107
2-1 37, 37, 37	**2-2** 38, 38
3-1 4	**3-2** 6
4-1 16	**4-2** 31
5-1 9살, 27살	**5-2** 7살, 35살
6-1 1, 2, 3, 4	**6-2** 3, 4, 5, 6, 7, 8, 9
7-1 83	**7-2** 136
8-1 24개	**8-2** 24개

1-1 $16<34<54$
   $\Rightarrow 54+16=70$

1-2 $11<27<33<96$
   $\Rightarrow 96+11=107$

2-1 $\square+26=63$, $63-26=\square$,
   $\square=37$

2-2 $\square+32=70$,
   $70-32=\square$, $\square=38$

3-1 $\square\times5=\square+\square+\square+\square+\square$입니다.
   $\square$가 1이면 $1+1+1+1+1=5$ ⎫ $+5$
   $\square$가 2이면 $2+2+2+2+2=10$ ⎬ $+5$
   $\square$가 3이면 $3+3+3+3+3=15$ ⎬ $+5$
   $\square$가 4이면 $4+4+4+4+4=20$ ⎭

3-2 $\square\times4$는 $\square+\square+\square+\square$입니다.
   $\square$가 1이면 $1+1+1+1=4$ ⎫ $+4$
   $\square$가 2이면 $2+2+2+2=8$ ⎬ $+4$
   $\square$가 3이면 $3+3+3+3=12$ ⎬ $+4$
   $\square$가 4이면 $4+4+4+4=16$ ⎬ $+4$
   $\square$가 5이면 $5+5+5+5=20$ ⎬ $+4$
   $\square$가 6이면 $6+6+6+6=24$ ⎭

4-1 3의 3배 $\Rightarrow 3\times3 \Rightarrow 3+3+3=9$
   9보다 7만큼 더 큰 수는 $9+7=16$입니다.

4-2 5의 3배 $\Rightarrow 5\times3 \Rightarrow 5+5+5=15$
   15보다 16만큼 더 큰 수는 $15+16=31$입니다.

5-1 9살의 3배 ⇨ 9×3 ⇨ $9+9+9=27$
다른 한 사람의 나이는 27살입니다.

5-2 7살의 5배 ⇨ 7×5
⇨ $7+7+7+7+7=35$
다른 한 사람의 나이는 35살입니다.

6-1 $84-28=56$
$56 > \square 7$ ⇨ $\square$ 안에 들어갈 수 있는 수는
4, 3, 2, 1입니다.

6-2 $76-47=29$
$29 < \square 3$ ⇨ $\square$ 안에 들어갈 수 있는 수는
3, 4, 5, 6, 7, 8, 9입니다.

7-1 (어떤 수)$-22=39$
(어떤 수)$=39+22=61$
⇨ $61+22=83$

7-2 (어떤 수)$-56=24$
(어떤 수)$=24+56=80$
⇨ $80+56=136$

8-1 3×2 ⇨ $3+3=6$
6×4 ⇨ $6+6+6+6=24$

8-2 4×2 ⇨ $4+4=8$(개)
8×3 ⇨ $8+8+8=24$(개)

필수 체크 전략 2   44~45쪽

01 73	02 17
03 1, 2, 3	04 20층
05 1, 2, 3	06 64
07 18자루	08 9개

01 37보다 9만큼 더 작은 수는 $37-9=28$
입니다.
$\square = 28+45=73$

02 $72-55=17$

04 쌓기나무는 5층으로 쌓여 있습니다.
5의 4배는 5×4입니다.
$5+5+5+5=20$

05 $31+\boxed{1}9=50<80$
$31+\boxed{2}9=60<80$ 1, 2, 3이 들어갈 수
$31+\boxed{3}9=70<80$ 있습니다.
$31+\boxed{4}9=80$
$31+\boxed{5}9=90>80$

06 $91-63=28$ ← 어떤 수
$28+36=64$

07 두 번째 사람이 가지고 있는 연필은
3의 2배인 $3 \times 2=6$(자루)입니다.
첫 번째 사람과 두 번째 사람이 가지고 있는
연필 수의 합은 $3+6=9$(자루)입니다.
세 번째 사람이 가지고 있는 연필 수는
$9 \times 2=18$(자루)입니다.

08 6개씩 5봉지는 6×5
⇨ $6+6+6+6+6=30$(개)입니다.
남은 군밤은 $30-21=9$(개)입니다.

필수 체크 전략 1

1-1	2, 8	2-1	2, 3
2-1	46	2-2	40
3-1	㉠, ㉡		
4-1	㉠	4-2	㉡

5-1

$$\begin{array}{c}\boxed{6}\ \boxed{4}\\ +\ \boxed{5}\ \boxed{4}\\\hline 1\ 1\ 8\end{array}$$ 또는 $$\begin{array}{c}\boxed{5}\ \boxed{4}\\ +\ \boxed{6}\ \boxed{4}\\\hline 1\ 1\ 8\end{array}$$

5-2 예 $\boxed{3}\ \boxed{5} + \boxed{4}\ \boxed{9} = \boxed{84}$ 순서를 바꾸어
또는 $\boxed{3}\ \boxed{9} + \boxed{4}\ \boxed{5} = \boxed{84}$ 더해도 정답입니다.

6-1	4봉지	6-2	3상자
7-1	41장	7-2	82개
8-1	10	8-2	12

1-1 일의 자리의 계산: $7+\square$는 5가 될 수 없
으므로 $7+\square=15$, $\square=8$입니다.
십의 자리의 계산: $1+3+\square=6$, $\square=2$

1-2 일의 자리의 계산: $\square-5$가 7이 될 수 없
으므로 $10+\square-5=7$입니다. $\square=2$
십의 자리의 계산: $5-1-1=\square$, $\square=3$

2-1 $43-14=29$, $29+17=46$

2-2 $96-29=67$, $67-27=40$

3-1 5개씩 4줄 또는 4개씩 5줄입니다.
$\Rightarrow 5\times4$, 4×5

4-1 ㉠ 7의 3배 $\Rightarrow 7\times3$, $7+7+7=21$
㉡ 4의 4배 $\Rightarrow 4\times4$, $4+4+4+4=16$
㉢ 6의 3배 $\Rightarrow 6\times3$, $6+6+6=18$

4-2 ㉠ 9의 3배 $\Rightarrow 9\times3$, $9+9+9=27$
㉡ 4의 6배 $\Rightarrow 4\times6$,
$4+4+4+4+4+4=24$
㉢ 6의 5배 $\Rightarrow 6\times5$,
$6+6+6+6+6=30$

5-1 $6>5>4$이므로 십의 자리에 6, 5를 넣고
일의 자리에 4를 넣습니다.

$$\Rightarrow \begin{array}{c}6\ 4\\ +\ 5\ 4\\\hline 1\ 1\ 8\end{array}$$

5-2 $3<4<5<9$이므로 십의 자리에 3, 4를
넣고 일의 자리에 5, 9를 넣습니다.
$\Rightarrow 35+49=84$

6-1 8개씩 2봉지 $\Rightarrow 8\times2$
$8+8=16$
$4\times\square=16$일 때 $\square$에 알맞은 수를 구합
니다.
$4+4+4+4=16$이므로 $4\times4=16$,
$\square=4$

6-2 9개씩 2상자 $\Rightarrow 9\times2$
$9+9=18$
$6\times\square=18$일 때 $\square$에 알맞은 수를 구합
니다.
$6+6+6=18$이므로 $6\times3=18$, $\square=3$

7-1 (선재가 가지고 있는 색종이 수)
$= 11 + 15 = 26$(장)
(형식이가 가지고 있는 색종이 수)
$= 26 + 15 = 41$(장)

7-2 (정원이가 가지고 있는 구슬 수)
$= 28 + 23 = 51$(개)
(성호가 가지고 있는 구슬 수)
$= 51 + 31 = 82$(개)

8-1 $7 + 7 = 14$이므로 $7 \times 2 = 14$입니다.
어떤 수는 2이므로 어떤 수와 5의 곱은
$2 \times 5 = 10$입니다.

8-2 $9 + 9 + 9 = 27$이므로 $9 \times 3 = 27$입니다. 어떤 수는 3이므로 어떤 수와 4의 곱은
$3 \times 4 = 12$입니다.

필수 체크 전략 2	50~51쪽
01 8	02 다
03 1, 5, 8	04 2개
05 우진	06 6
07 34, 30	08 51, 40

01 7을 4번 더하면 28이므로 $7 \times 4 = 28$입니다.
▲는 4이므로 $4 \times 2 = 8$입니다.

02 3마리의 8배 ⇨ $3 \times 8 = 24$
6마리씩 4묶음 ⇨ $6 \times 4 = 24$
9마리씩 3묶음 ⇨ $9 \times 3 = 27$

03 $7 + ◉ = 15$ ⇨ $◉ = 8$
$1 + ★ + ★ = 11$, $★ + ★ = 10$ ⇨ $★ = 5$
▲는 십의 자리에서 받아올림한 수이므로
1입니다.

04 3씩 4상자는 $3 + 3 + 3 + 3 = 12$입니다.
$6 + 6 = 12$이므로 $6 \times \square = 12$에서 $\square$는
2입니다. 따라서 필요한 상자의 수는 2개
입니다.

05 2자루씩 5묶음
⇨ 2×5 ⇨ $2 + 2 + 2 + 2 + 2 = 10$
3자루의 3배 ⇨ 3×3 ⇨ $3 + 3 + 3 = 9$
크기를 비교하면 $10 > 9$입니다.

06 $87 - 81 = 6$

07 $13 + 15 + 16 = 44$
⇨ $㉠ + 44 = 78$, $㉠ = 34$

$13 + 15 + 20 = 48$
⇨ $㉡ + 48 = 78$, $㉡ = 30$

08 $36 + 51 = 87$, $36 + 74 = 110$,
$36 + 40 = 76$, $51 + 74 = 125$,
$51 + 40 = 91$, $74 + 40 = 114$
90보다 작은 수 중에서 90에 가장 가까운
수는 87이고, 90보다 큰 수 중에서 90에
가장 가까운 수는 91입니다.
$90 - 87 = 3$, $91 - 90 = 1$이므로 87보
다 91이 90에 더 가깝습니다.

01 5배	02 5, 6
03 <	04
05 64	06 ㉣
07 4×3=12, 12자루	
08 39	
09 27	
10 1, 2	

01 ㉠의 길이가 10이면 ㉡의 길이는 2입니다.
10은 2의 5배입니다.

02 일의 자리의 계산: 받아내림이 있습니다.

$$
\begin{array}{r}
\square -1\ 10 \\
\diagup\ 5 \\
-\quad 1\ \square \\
\hline
3\quad 9
\end{array}
$$

10+5−□=9, □=6
십의 자리의 계산: □−1−1=3, □=5

03 85−36=49
27+27=54
➡ 49<54

04 16+16=32 ｜ 6×4=24
7×4=28 ｜ 52−24=28
3×8=24 ｜ 4×8=32

05 어떤 수를 □라고 하면 □−25=39
□=39+25이므로 □=64입니다.

06 5씩 4묶음 ➡ 5×4=20
㉠ 5의 4배 ➡ 5×4=20
㉡ 5+5+5+5 ➡ 5×4=20
㉢ 4+4+4+4+4=20
㉣ 5보다 4만큼 더 큰 수 ➡ 5+4=9

07 모양 1개를 만드는 데 연필을 4자루씩 사용합니다.
모양 3개를 만들 때에 필요한 연필은
4×3=12(자루)입니다.

08 33−15=18, 7×3=21
➡ 18+21=39

09 가장 큰 수와 두 번째로 큰 수의 곱을 구합니다.
9>3>2
➡ 9×3=27

10 ▲가 1이면 40−15=25,
▲가 2이면 40−25=15,
▲가 3이면 40−35=5
▲가 4, 5, 6, …이면 40에서 ▲5를 뺄 수 없습니다.
따라서 ▲가 될 수 있는 수는 1과 2입니다.

BOOK 1

창의 · 융합 · 코딩 전략   54~57쪽

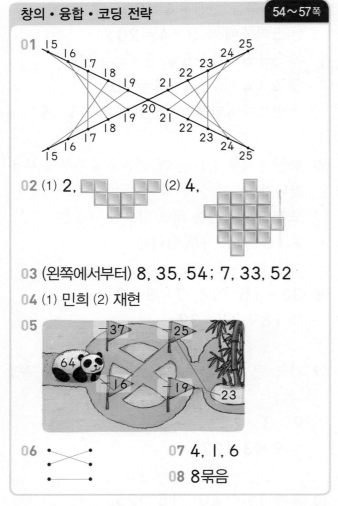

01

02 (1) 2,   (2) 4,

03 (왼쪽에서부터) 8, 35, 54 ; 7, 33, 52

04 (1) 민희 (2) 재현

05

06   07 4, 1, 6

   08 8묶음

01 $15+\square=34$, $\square=19$ ⇨ 15와 19를 잇습니다.
$15+\square=46$, $\square=31$ ⇨ 31은 없으므로 이을 수 없습니다.
$15+19=34$, $16+18=34$, $17+17=34$
$21+\square=46$, $\square=25$ ⇨ 21과 25를 잇습니다.
$21+25=46$, $22+24=46$, $23+23=46$

02 (1) 사각형 모양이 10조각이므로 사용한 펜토미노는 2개입니다.

(2) 사각형 모양이 20조각이므로 사용한 펜토미노는 4개입니다.

03 $4+4=8$이므로 4의 2배는 8입니다.
$16+19=35$, $35+19=54$
$7+7=14$이므로 14는 7의 2배입니다.
$14+19=33$, $33+19=52$

04 (1) 재현 → 민희 → 재현 → 민희
재현이는 가져갈 것이 없으므로 민희가 이깁니다.

(2) 재현 → 민희 → 재현 → 민희 → 재현
민희는 가져갈 것이 없으므로 재현이가 이깁니다.

05 $64-37=27$이므로 23이 되려면 4를 빼야 하는데 주어진 깃발에 4가 없습니다.
$64-16=48$이므로 23이 되려면 $48-23=25$를 빼야 합니다.

06 $25+25=50$, $35+35=70$이므로 🍎+🍎=🍇에서 🍎는 25, 🍇는 50입니다.
   25 25 50
🍇−🥕=15이므로 $50-🥕=15$이고 🥕=35입니다.

07 5□−4□ 또는 5□−6□이면 결과가 38이 나올 수 없습니다. 따라서 4와 6은 일의 자리에 넣습니다.
5□−1□의 일의 자리에 4와 6을 넣어 계산해 봅니다. $54-16=38$, $56-14=42$이므로 뺄셈식은 $54-16$입니다.

08 17을 2씩 묶으면 1이 남습니다.
따라서 17에서 1을 뺍니다. $17-1=16$ ⇨ 16을 2씩 묶으면 8묶음이 됩니다.

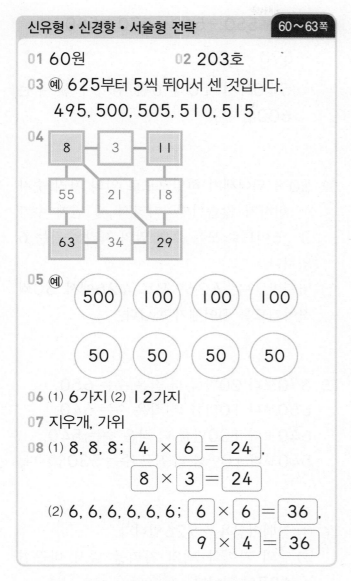

01 60원　　　　**02** 203호

03 예 625부터 5씩 뛰어서 센 것입니다.
　495, 500, 505, 510, 515

04

8	3	11
55	21	18
63	34	29

05 예

500　100　100　100

　50　50　50　50

06 (1) 6가지 (2) 12가지
07 지우개, 가위
08 (1) 8, 8, 8; $4 \times 6 = 24$,
　　　　　　　$8 \times 3 = 24$
　(2) 6, 6, 6, 6, 6, 6; $6 \times 6 = 36$,
　　　　　　　　　　$9 \times 4 = 36$

---

01 500원은 100원이 5개인 수입니다.
100원짜리가 4개 있으므로 10원짜리가
모두 10개 있어야 500원이 됩니다.
10원짜리는 4개 있으므로
10원짜리가 6개(=60원) 더 있어야 합니다.

02 ㉢에서 일의 자리 숫자가 백의 자리 숫자보
다 1만큼 더 큰 수는 1□2, 2□3, 3□4
입니다. 이때 모든 집의 십의 자리 숫자는 모
두 0이므로 102, 203, 304 중 하나입니다.

이 중 ㉠, ㉡의 조건을 만족하는 수는
203호입니다.

03 색칠한 부분의 수들은 625부터 5씩 뛰어서
센 것이므로 490부터 5씩 뛰어서 셉니다.
　⇨ 490－495－500－505
　　　－510－515

04 $11-8=3$,　　　$63-8=55$,
　$63-29=34$,　　　$29-11=18$,
　$29-8=21$

05 ·500원짜리를 1개 사용하고 나머지 7칸
에 100원짜리를 모두 사용하면 1000원
보다 많으므로 50원짜리를 사용해야 합
니다.
·50원짜리를 2개 사용하면
500원짜리 1개, 100원짜리 5개, 50
원짜리 2개가 되고, 이때도 1000원보다
많습니다.
·50원짜리를 4개 사용하면
500원짜리 1개, 100원짜리 3개, 50
원짜리 4개가 되고, 이 때 1000원이 됩
니다.

06 (1) ㉮에서 ㉯로 가는 길은 2가지이고,
㉯에서 ㉰로 가는 길은 3가지입니다.
따라서 ㉮ → ㉯ → ㉰로 길을 따라가는
방법은 모두 $2 \times 3 = 6$(가지)입니다.
(2) ㉮에서 ㉯로 가는 길은 3가지이고,
㉯에서 ㉰로 가는 길은 4가지입니다.
따라서 ㉮ → ㉯ → ㉰로 길을 따라가는
방법은 모두 $3 \times 4 = 12$(가지)입니다.

BOOK 1

07 • (지우개)＝8＋32＝40
　　• (풀)＋(풀)＝40이고,
　　　40은 20＋20으로 나타낼 수 있으므로
　　　(풀)＝20
　　• (가위)－20＝16,
　　　(가위)＝16＋20＝36
　　⇨ 40, 20, 36 중에서 차가 4가 되는 두
　　　수는 40와 36이므로 40－36＝4에
　　　서 (지우개)－(가위)＝4입니다.

08 (1) 24는 4씩 6묶음이므로 4의 6배
　　　⇨ 4×6＝24
　　　24는 8씩 3묶음이므로 8의 3배
　　　⇨ 8×3＝24
　　(2) 36은 6씩 6묶음이므로 6의 6배
　　　⇨ 6×6＝36
　　　36은 9씩 4묶음이므로 9의 4배
　　　⇨ 9×4＝36

고난도 해결 전략 1회 | 64~67쪽

01 600
02 2 $\boxed{2}$ 6 － 2 $\boxed{7}$ 6 － 3 $\boxed{2}$ 6
　　 － 3 $\boxed{7}$ 6 － 42 $\boxed{6}$
03 530　　　　**04** (1) 726 (2) 627
05 ㉠　　　　　**06** 3
07 300개　　　**08** ㉠
09 (1) 1, 2, 3 (2) 115, 225, 335
10 17개　　　　**11** 7개
12 117, 171, 177, 711, 717, 771

---

01 540－550－560－570－580
　　 －590－600
　　⇨ 540에서 10씩 6번 뛰어서 센 수는
　　　600입니다.

02 50씩 뛰어세기 하였으므로 일의 자리 숫자
　　는 변하지 않습니다. 따라서 세 번째 수가
　　3☐6이므로 모든 수의 일의 자리 숫자는 6
　　입니다.
　　마지막 수는 426이므로 426에서 50씩
　　작아지도록 뛰어세기 합니다.

03 670보다 20만큼 더 작은 수는 650,
　　650보다 10만큼 더 작은 수는 640,
　　640보다 100만큼 더 작은 수는 540,
　　540보다 10만큼 더 작은 수는 530입니다.

04 (1) 칠백이십육은 726입니다.
　　(2) 일의 자리와 백의 자리를 다시 바꾸면
　　　627이 됩니다.

05 ㉠ 405
　　㉡ 400보다 50만큼 더 큰 수는 450입니
　　　다.
　　㉢ 500보다 50만큼 더 작은 수는 450입
　　　니다.
　　㉣ 350보다 100만큼 더 큰 수는 450입
　　　니다.
　　따라서 나타내는 수가 다른 수는 ㉠입니다.

06 ▲63<400

▲에 4를 넣으면 463>400입니다.

따라서 ▲에 들어갈 수 있는 수는 1, 2, 3 입니다.

702<70■
└2<■┘

따라서 ■에는 2보다 큰 수가 들어갈 수 있습니다.

■는 3, 4, 5, 6, 7, ...입니다.

⇨ ▲와 ■에 공통으로 들어갈 수 있는 수는 3입니다.

07 300개는 100개씩 3상자이므로 팔고 남은 귤은 100개씩 1상자와 10개씩 20상자입니다.

100개씩 1상자 ⇨ 100개 ┐
                          │300개
10개씩 20상자 ⇨ 200개 ┘

08 ㉠ 672에서 숫자 6은 백의 자리 숫자이므로 600을 나타냅니다.

㉡ 339 — 439 — 539
      └+100┘ └+100┘

㉢ 1<3<5이므로 만들 수 있는 가장 작은 수는 135입니다.

⇨ 600>539>135

09 (1) 400보다 작은 세 자리 수의 백의 자리 숫자는 1, 2, 3입니다.

(2) □□5<400

따라서 알맞은 세 자리 수는 115, 225, 335입니다.

10 316<□0□<507

□0□의 백의 자리 숫자는 4, 5가 될 수 있습니다.

400, 401, 402, 403, 404, ..., 409 ⇨ 10개

500, 501, 502, 503, 504, 505, 506 ⇨ 7개

모두 10+7=17(개)입니다.

11 810<□□□<820

백의 자리 숫자는 8입니다.

812, 813, 814, 815, 816, 817, 819 ⇨ 7개

12 [7]을 두 번 사용([1]은 한 번 사용)

⇨ 771, 717, 177

[7]을 한 번 사용([1]은 두 번 사용)

⇨ 711, 171, 117

고난도 해결 전략 2회	68~71쪽

01 3, 2 **02** 3개

03 31 ✕ 6 — 4 — 5 = 22

04 69 **05** 11

06 35개

07 (1) 예 있습니다. (2) 18 (3) 9, 1

08 11개 **09** 57, 87

10 (1) 3가지 (2) 3, 2, 6 (또는 2, 3, 6)

11 24 **12** 14개

13 4개

01 3+3=6 ⇨ [3]×2=6

6+6=12 ⇨ 6×[2]=12

02 2의 3배는 6입니다. ⎤
5의 2배는 10입니다. ⎦ $6 < \square < 10$

⇨ $\square$ 안에는 7, 8, 9가 들어갈 수 있습니다.

03 31에서 9를 빼면 22가 됩니다.
$6 + 4 = 10$,
$4 + 5 = 9$,
$6 + 5 = 11$
이므로 31에서 4와 5를 뺍니다.

04 $40 - 8 = 32$, $\blacksquare = 32 + 37 = 69$

05 $26 + 5 = 31$,
$17 + \bigcirc = 31 \rightarrow \bigcirc = 31 - 17 = 14$
$36 + 55 = 91$,
$88 + \bigcirc = 91 \rightarrow \bigcirc = 91 - 88 = 3$
⇨ $14 - 3 = 11$

06 오각형 1개를 만들 때 면봉 5개를 사용합니다.
$5 + 5 + 5 + 5 + 5 + 5 + 5 = 35$이므로
$5 \times 7 = 35$입니다.

07 (1) 백의 자리로 받아올림한 수가 ■이므로 십의 자리에서 백의 자리로 받아올림이 있습니다.

(2) 일의 자리에서 십의 자리로 받아올림이 있으므로 $1 + \blacktriangle + \blacktriangle = 19$입니다.
⇨ $\blacktriangle + \blacktriangle = 18$

(3) $\blacktriangle + \blacktriangle = 18$이면 $\blacktriangle$는 9입니다.

$\begin{array}{r} 9\ 9 \\ +\ 9\ 9 \\ \hline 1\ 9\ 8 \end{array}$ 이므로 $\blacktriangle = 9$, $\blacksquare = 1$입니다.

08 3명이 3개씩 먹는 사탕의 수는 3×3이므로 9개입니다.
남은 사탕은 $20 - 9 = 11$(개)입니다.

09 경훈이가 가지고 있는 두 수의 차
⇨ $54 - 39 = 15$
$72 - ? = 15$ 또는 $? - 72 = 15$입니다.
$72 - ? = 15 \Rightarrow ? = 72 - 15 = 57$
$? - 72 = 15 \Rightarrow ? = 72 + 15 = 87$

10 (1) 막대 사탕 1개를 골랐을 때 고를 수 있는 우유는 3가지입니다.

(2) 두 가지 물건 수를 곱하여 구할 수 있습니다.

11 $\underset{\substack{2 \times 3 \\ = 6}}{2} < 3 < 4 < \underset{\substack{5 \times 6 \\ = 30}}{5} < 6$
⇨ $30 - 6 = 24$

12 2명이 가위를 내고 이기고, 나머지 2명은 보를 내고 졌습니다. 가위를 낼 때 편 손가락은 2개이므로 두 사람이 편 손가락은 $2 \times 2 = 4$(개)입니다.
보를 낼 때 편 손가락은 5개이므로 두 사람이 편 손가락은 $5 \times 2 = 10$(개)입니다.
⇨ $4 + 10 = 14$(개)

13 한성이가 영미에게서 받기 전에 가지고 있던 공깃돌은 $17 - 9 = 8$(개)입니다.
8보다 5만큼 더 큰 수는 $8 + 5 = 13$입니다. 따라서 영미에게 남은 공깃돌은 $13 - 9 = 4$(개)입니다.

정답과 풀이

BOOK2

일등 전략 2-1

1주 1일

개념 돌파 전략 1 | 확인 문제 `8~11쪽`

01 나, 바

02 (1) 꼭짓점, 변 (2) 6, 6

03 4, 없습니다   **04** 3, 5, 8

05 예
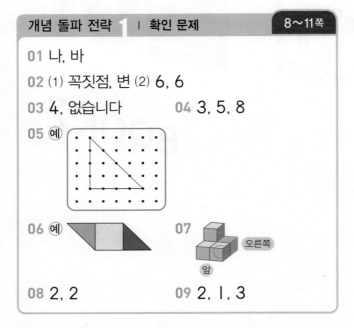

06 예 (도형)   **07** (쌓기나무) 오른쪽, 앞

08 2, 2   **09** 2, 1, 3

01 어느 쪽에서 보아도 똑같이 동그란 모양을 찾으면 나, 바입니다.

02 (1) 삼각형에서 곧은 선을 변이라고 하고, 두 곧은 선이 만나는 점을 꼭짓점이라고 합니다.
    (2) 육각형은 변이 6개, 꼭짓점이 6개입니다.

03 사각형은 꼭짓점이 4개입니다.

04 삼각형은 변이 3개, 오각형은 변이 5개입니다. ⇨ 3+5=8(개)

05 변이 3개인 도형은 삼각형이므로 변 2개를 더 그려 안쪽에 점이 3개인 삼각형을 완성합니다.

06 노란색 사각형 조각을 가운데 놓고 나머지를 놓습니다.

09
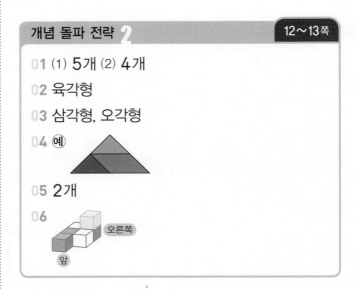

크고 작은 삼각형은 모두 3개입니다.

개념 돌파 전략 2 `12~13쪽`

01 (1) 5개 (2) 4개

02 육각형

03 삼각형, 오각형

04 예 (삼각형 도형)

05 2개

06

오른쪽, 앞

01 동그란 모양을 모두 찾습니다.

02 왼쪽 도형은 변이 5개인 오각형이고, 오른쪽 도형은 변이 6개인 육각형입니다.
    ⇨ 5<6이므로 변의 수가 더 많은 도형은 육각형입니다.

03 삼각형 / 삼각형 / 오각형 / 삼각형

그려진 선을 따라 자르면 삼각형 3개와 오각형 1개가 생깁니다.

05 왼쪽 모양부터 차례로 쌓기나무의 수를 세어
보면 1층에 3개, 2층에 1개 ⇨ 4개,
1층에 5개, 2층에 1개 ⇨ 6개,
1층에 5개 ⇨ 5개,
1층에 4개, 2층에 1개 ⇨ 5개이므로 쌓기
나무 5개로 만든 모양은 모두 2개입니다.

06 각 방향에 맞게 색칠합니다.

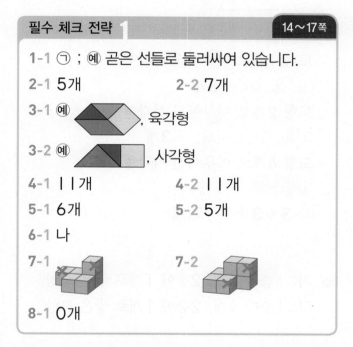

필수 체크 전략 1 14~17쪽

1-1 ㉠ ; 예 곧은 선들로 둘러싸여 있습니다.

2-1 5개   **2-2** 7개

3-1 예 , 육각형

3-2 예 , 사각형

4-1 11개   **4-2** 11개

5-1 6개   **5-2** 5개

6-1 나

7-1   **7-2**

8-1 0개

1-1 사각형은 곧은 선 4개로 이루어진 도형입니다.
사각형은 변이 4개, 꼭짓점이 4개입니다.

2-1 곧은 선을 세어 보면 왼쪽 도형은 5개, 오른
쪽 도형은 0개입니다.
⇨ 5＋0＝5(개)

2-2 곧은 선을 세어 보면 왼쪽 도형은 3개, 오른
쪽 도형은 4개입니다.
⇨ 3＋4＝7(개)

3-1 만든 도형은 변이 6개이므로 육각형입니다.

3-2 만든 도형은 변이 4개이므로 사각형입니다.

4-1 왼쪽 모양: 1층에 4개, 2층에 1개 → 5개
오른쪽 모양: 1층에 4개, 2층에 2개 → 6개
⇨ 5＋6＝11(개)

4-2 왼쪽 모양: 1층에 5개, 2층에 1개 → 6개
오른쪽 모양: 1층에 4개, 2층에 1개 → 5개
⇨ 6＋5＝11(개)

5-1

사각형 1개로 이루어진 사각형:
①, ②, ③ → 3개
사각형 2개로 이루어진 사각형:
①②, ②③ → 2개
사각형 3개로 이루어진 사각형:
①②③ → 1개
⇨ 3＋2＋1＝6(개)

5-2

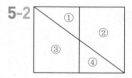

도형 1개로 이루어진 사각형:
②, ③ → 2개
도형 2개로 이루어진 사각형:
①③, ②④ → 2개
도형 4개로 이루어진 사각형:
①②③④ → 1개
⇨ 2＋2＋1＝5(개)

BOOK 2

정답과 풀이 **23**

6-1 나: 1층에 4개, 2층에 2개가 있습니다.

7-1 1층에 있는 쌓기나무 1개와 2층에 있는 쌓기나무 1개를 빼야 합니다.

7-2 왼쪽 모양에서 오른쪽 모양과 같은 위치에 있는 쌓기나무를 하나씩 지우고 남는 것을 모두 찾아 ×표 합니다.

8-1
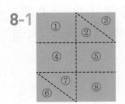

삼각형: ②, ③, ⑥, ⑦ → **4**개
사각형: ①, ④, ⑤, ⑧ → **4**개
⇨ $4-4=0$(개)

---

02 왼쪽부터 사각형, 삼각형, 오각형으로 변의 수는 **4**개, **3**개, **5**개입니다.
⇨ $4+3+5=12$(개)

04 왼쪽 모양: 1층에 4개, 2층에 2개 → 6개
오른쪽 모양: 1층에 5개, 2층에 1개 → 6개
⇨ $30-6-6=18$(개)

05
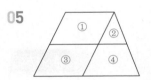

도형 1개로 이루어진 사각형:
①, ③, ④ → **3**개
도형 2개로 이루어진 사각형:
①②, ①③, ③④ → **3**개
도형 4개로 이루어진 사각형:
①②③④ → **1**개
⇨ $3+3+1=7$(개)

06 가: 1층에 5개, 2층에 1개로 쌓은 모양
다: 1층에 4개, 2층에 1개로 쌓은 모양

08

삼각형: ①, ⑤, ⑥ → **3**개
사각형: ②, ④ → **2**개
⇨ $3-2=1$(개)

필수 체크 전략 2   18~19쪽

01 ⓒ ; 예 오각형은 변의 수와 꼭짓점의 수의 합이 10개입니다.

02 12개

03 예

04 18개

05 7개

06 가, 다

07 ㉠, ㉢

08 1개

01 • 변의 수가 사각형은 4개, 삼각형은 3개이므로 사각형은 삼각형보다 변이 1개 더 많습니다.
• 오각형은 변과 꼭짓점이 각각 5개이므로 합은 $5+5=10$(개)입니다.

참고
③은 변이 5개이므로 오각형입니다.

1주 3일

필수 체크 전략 1 (20~23쪽)

1-1 2개 1-2 4개
2-1 3, 0, 사각
3-1 나
4-1 예 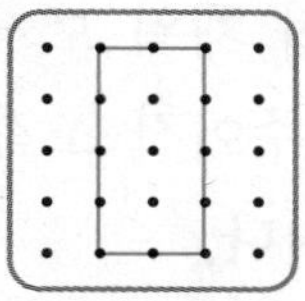 4-2 예 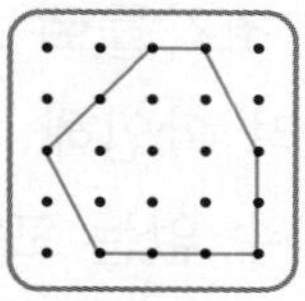
5-1 앞과 위에 밑줄을 긋고 위, 앞으로 고칩니다.
6-1 2개 6-2 1개
7-1 7 7-2 5
8-1 나 8-2 다

1-1 왼쪽 도형의 꼭짓점은 4개, 오른쪽 도형의 꼭짓점은 6개입니다.
⇨ $6-4=2$(개)

1-2 원은 꼭짓점이 없고, 사각형은 꼭짓점이 4개입니다.
⇨ $4-0=4$(개)

2-1 삼각형 3개로 만든 모양으로 변이 4개이므로 사각형입니다.

3-1 가 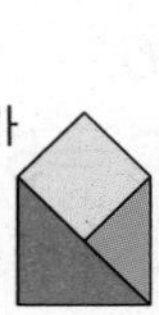 다 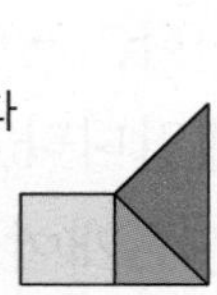
세 조각들로 모양을 직접 채워 보거나 선을 그려 확인해 보았을 때 주어진 조각들로 만들 수 없는 모양은 나입니다.

4-1 왼쪽 도형의 꼭짓점은 3개이므로 삼각형입니다. 오른쪽에는 꼭짓점이 4개인 사각형을 그려야 합니다.

4-2 왼쪽 도형의 꼭짓점은 4개이므로 사각형입니다. 오른쪽에는 꼭짓점이 6개인 육각형을 그려야 합니다.

6-1 왼쪽 모양은 쌓기나무 4개로 만든 모양이고, 오른쪽 모양은 쌓기나무 6개로 만든 모양입니다. 따라서 쌓기나무가 $6-4=2$(개) 더 필요합니다.

6-2 왼쪽 모양은 쌓기나무 4개로 만든 모양이고, 오른쪽 모양은 쌓기나무 5개로 만든 모양입니다. 따라서 쌓기나무가 $5-4=1$(개) 더 필요합니다.

7-1 • 삼각형의 꼭짓점은 3개입니다. → ㉠=3
• 육각형의 꼭짓점은 6개입니다. → ㉡=6
• 사각형의 변은 4개이고, 육각형의 변은 6개이므로 사각형의 변은 육각형의 변보다 $6-4=2$(개) 더 적습니다. → ㉢=2
⇨ ㉠+㉡−㉢=3+6−2=9−2=7

7-2 • 사각형의 변은 4개입니다. → ㉠=4
• 원의 꼭짓점은 0개입니다. → ㉡=0
• 육각형의 꼭짓점은 6개이고, 오각형의 꼭짓점은 5개이므로 육각형의 꼭짓점은 오각형의 꼭짓점보다 $6-5=1$(개) 더 많습니다. → ㉢=1
⇨ ㉠−㉡+㉢=4−0+1=4+1=5

BOOK 2

8-1 가: 1층에 4개, 2층에 1개 → 5개
나: 1층에 2개, 2층에 1개 → 3개
다: 1층에 3개, 2층에 1개 → 4개
⇨ 3<4<5이므로 똑같은 모양으로 쌓을
때 쌓기나무가 가장 적게 필요한 것은 나
입니다.

8-2 가: 1층에 4개, 2층에 1개 → 5개
나: 1층에 3개, 2층에 1개 → 4개
다: 1층에 4개, 2층에 2개 → 6개
⇨ 6>5>4이므로 똑같은 모양으로 쌓을
때 쌓기나무가 가장 많이 필요한 것은 다
입니다.

필수 체크 전략 2 24~25쪽

01 2개   02 2, 사각, 2, 오각
03 라   04 예

05 예 쌓기나무 4개가 옆으로 나란히 있고, 빨간색
쌓기나무 위에 1개가 있고, 뒤에 1개가 있
습니다.
06 3개   07 9
08 나, 다, 가

01 가   나 다

가: 5개, 나: 4개, 다: 3개
⇨ 5>4>3이므로 꼭짓점이 가장 많은 도
형과 가장 적은 도형의 꼭짓점 수의 차는
5−3=2(개)입니다.

02 삼각형 2개와 사각형 2개를 이용하여 변이
5개인 오각형을 만들었습니다.

03 가   나
다   라

세 조각들로 모양을 직접 채워 보거나 선을
그려 확인해 보았을 때 주어진 조각들로 만
들 수 없는 모양은 라입니다.

04 왼쪽 도형의 꼭짓점은 4개이므로 사각형입
니다. 오른쪽에는 꼭짓점이 6개인 육각형을
그려야 합니다.
⇨ 도형의 안쪽에 점이 4개 있는 육각형을
그립니다.

06

왼쪽 모양은 쌓기나무 6개로 만든 모양이고,
오른쪽 모양은 쌓기나무 3개로 만든 모양입
니다. 따라서 쌓기나무 6−3=3(개)를 빼
야 합니다.

07 • 삼각형의 꼭짓점의 수와 변의 수의 합은
3+3=6(개)입니다. → ㉠=6
• 오각형의 변은 5개입니다. → ㉡=5
• 육각형의 꼭짓점은 6개이고, 사각형의 꼭
짓점은 4개이므로 육각형의 꼭짓점이
6−4=2(개) 더 많습니다. → ㉢=2
⇨ ㉠+㉡−㉢=6+5−2=11−2=9

08 가: l층에 5개, 2층에 l개 → 6개

나: l층에 4개 → 4개

다: l층에 4개, 2층에 l개 → 5개

⇨ 4＜5＜6이므로 똑같은 모양으로 쌓을 때 쌓기나무가 적게 필요한 것부터 차례로 기호를 쓰면 나, 다, 가입니다.

---

03 똑같은 모양으로 쌓을 때 필요한 쌓기나무의 수를 세어 보면 가: 5개, 나: 5개, 다: 4개, 라: 5개입니다.

04 원은 굽은 선으로 이어져 있습니다.

05 왼쪽 모양에서 오른쪽 모양과 같은 위치에 있는 쌓기나무를 하나씩 지우고 남는 것을 찾으면 ㅁ입니다. 왼쪽 모양에서 ㅁ을 ㄴ의 앞으로 옮기면 오른쪽 모양과 같아집니다.

07 삼각형: ①, ②, ③, ⑤, ⑦ → 5개

사각형: ④, ⑥ → 2개

⇨ 5－2＝3(개)

09 ■각형의 변의 수와 꼭짓점의 수는 각각 ■개이므로 ■＋■＝l0, ■＝5입니다.

⇨ 안쪽에 점이 4개인 오각형을 그립니다.

---

01 ㄴ

02 l l

03 다

04 예 굽은 선이 끊어져 있습니다.

05 ㅁ

06

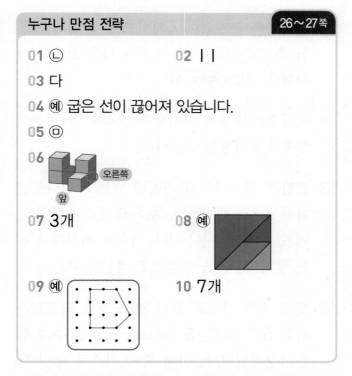

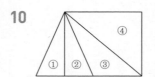

07 3개

08 예

09 예

10 7개

01 꼭짓점의 수를 각각 구하면 다음과 같습니다.

ㄱ 원: 0개   ㄴ 육각형: 6개

ㄷ 사각형: 4개   ㄹ 삼각형: 3개

02 오각형에 적힌 두 수는 20, 9입니다.

⇨ 20－9＝l l

10

도형 l개로 이루어진 삼각형:

①, ②, ③, ④ → 4개

도형 2개로 이루어진 삼각형:

①②, ②③ → 2개

도형 3개로 이루어진 삼각형:

①②③ → l개

⇨ 4＋2＋l＝7(개)

창의·융합·코딩 전략 28~31쪽

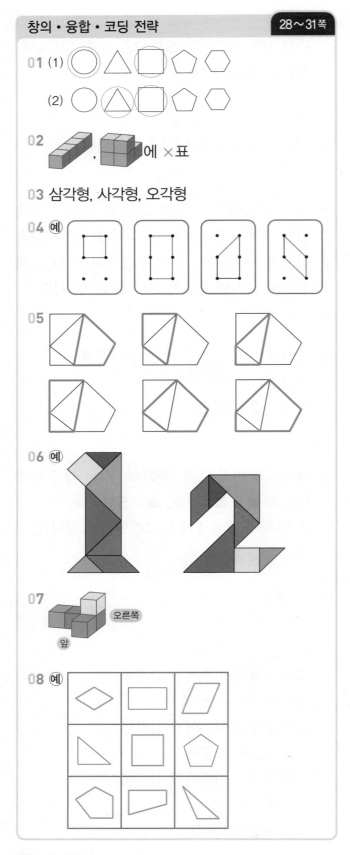

01 (1) ○ △ □ ⬠ ⬡

(2) ○ △ □ ⬠ ⬡

02 〔그림〕, 〔그림〕에 ×표

03 삼각형, 사각형, 오각형

04 예 〔그림〕

05 〔그림〕

06 예 〔그림〕

07 〔그림〕 오른쪽 / 앞

08 예 〔그림〕

01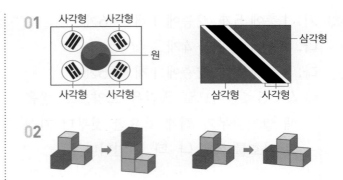

사각형 사각형 / 원 / 사각형 사각형 / 삼각형 / 삼각형 사각형

02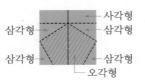

03 점선을 따라 자른 다음 펼치면 다음과 같은 도형이 만들어집니다.

사각형 / 삼각형 삼각형 / 삼각형 삼각형 / 오각형

04 사각형은 꼭짓점이 **4**개이므로 점 **4**개를 정한 후 곧은 선으로 이어 서로 다른 모양의 사각형을 그립니다.

05 꼭짓점이 **4**개인 사각형을 그리고, 꼭짓점이 **5**개인 오각형을 그립니다.

07 빨간색 쌓기나무의 왼쪽에 있는 쌓기나무는 파란색으로 색칠하고, 초록색 쌓기나무의 앞에 있는 쌓기나무는 보라색으로 색칠하고 남은 쌓기나무는 노란색으로 색칠합니다.

08 셋째 줄에 가로로 놓인 세 도형의 꼭짓점은 각각 **5**개, **4**개, **3**개이므로 꼭짓점 수의 합은 **12**개입니다. 첫째 줄에 가로로 놓인 도형은 사각형, 사각형이므로 빈칸에 꼭짓점이 **4**개인 사각형을 그려 넣습니다. 가장 왼쪽 세로 줄의 두 도형은 사각형, 오각형이므로 빈칸에 삼각형을 그려 넣고, 가장 오른쪽 세로 줄의 두 도형은 사각형, 삼각형이므로 빈칸에 오각형을 그려 넣습니다.

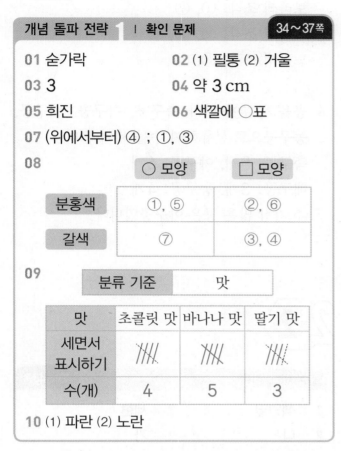

2주 1일

개념 돌파 전략 1 | 확인 문제 **34~37쪽**

01 숟가락 **02** (1) 필통 (2) 거울

03 3 **04** 약 3 cm

05 희진 **06** 색깔에 ○표

07 (위에서부터) ④ ; ①, ③

08

	○ 모양	□ 모양
분홍색	①, ⑤	②, ⑥
갈색	⑦	③, ④

09

분류 기준	맛

맛	초콜릿 맛	바나나 맛	딸기 맛
세면서 표시하기	////	////	////
수(개)	4	5	3

10 (1) 파란 (2) 노란

---

01 숟가락으로 잰 횟수가 더 적으므로 숟가락의 길이가 더 깁니다.

02 (1) 필통을 잰 횟수가 더 많으므로 필통의 길이가 더 깁니다.
　　(2) 거울을 잰 횟수가 더 많으므로 거울의 길이가 더 깁니다.

03 클립의 한쪽 끝이 눈금 4에, 다른 쪽 끝이 7에 맞추어져 있으므로 클립의 길이는
　　$7-4=3$ (cm)입니다.
　　다른 풀이
　　클립의 길이는 1 cm가 3번이므로 3 cm입니다.

04 색 테이프의 한쪽 끝이 눈금 0에 맞추어져 있고, 다른 쪽 끝이 3에 가까우므로 색 테이프의 길이는 약 3 cm입니다.

05 어림한 길이와 실제 길이의 차가 더 작은 사람을 찾습니다.
　　종원: $19-15=4$ (cm),
　　희진: $20-19=1$ (cm)이므로 더 가깝게 어림한 사람은 희진입니다.

06 색연필을 빨간색, 보라색, 파란색으로 색깔에 따라 분류했습니다.

07 • 꼭짓점이 3개인 도형: ②, ④
　　• 꼭짓점이 4개인 도형: ①, ③

08 도넛을 ○ 모양과 □ 모양, 분홍색과 갈색으로 구분합니다.
　　• ○ 모양이면서 분홍색인 도넛: ①, ⑤
　　• □ 모양이면서 분홍색인 도넛: ②, ⑥
　　• ○ 모양이면서 갈색인 도넛: ⑦
　　• □ 모양이면서 갈색인 도넛: ③, ④

09 우유를 맛별로 다른 표시를 하고, ////에 차례로 표시하면서 수를 세어 표에 써넣습니다.
　　⇨ 초콜릿 맛 우유: 4개
　　　바나나 맛 우유: 5개
　　　딸기 맛 우유: 3개

10 (1) 가장 많은 구슬은 7개인 파란색 구슬입니다.
　　(2) 가장 적은 구슬은 3개인 노란색 구슬입니다.

개념 돌파 전략 2 38~39쪽

01 (1) 4, 6 (2) 가위에 ◯표 (3) 가위에 ◯표

02 교탁   03 9 cm

04 ㉢

05

분류 기준	색깔

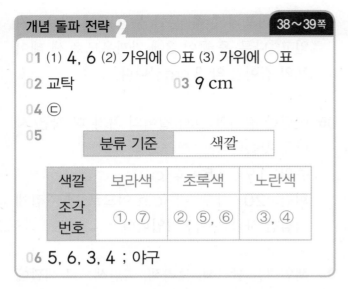

색깔	보라색	초록색	노란색
조각 번호	①, ⑦	②, ⑤, ⑥	③, ④

06 5, 6, 3, 4 ; 야구

01 (1) 우산의 길이는 가위를 4번 이은 길이와 같고, 물감을 6번 이은 길이와 같습니다.
   (2) 4<6이므로 잰 횟수가 더 적은 것은 가위입니다.
   (3) 같은 물건의 길이를 잴 때 잰 횟수가 적을수록 단위의 길이가 길므로 가위의 길이가 더 깁니다.

02 같은 단위길이(수수깡)로 물건의 길이를 재었으므로 잰 횟수가 많은 물건이 더 깁니다. 잰 횟수를 비교하면 6<7이므로 교탁의 긴 쪽의 길이가 더 깁니다.

03 포크의 한쪽 끝을 자의 눈금 0에 맞추고, 다른 쪽 끝이 가리키는 눈금을 읽으면 9이므로 포크의 길이는 9 cm입니다.

04 왼쪽에 있는 이동 수단은 바퀴가 2개이고, 오른쪽에 있는 이동 수단은 바퀴가 4개이므로 알맞은 분류 기준은 ㉢ 바퀴 수입니다.

05 색깔에 따라 보라색, 초록색, 노란색으로 분류할 수 있습니다.
   보라색 조각: ①, ⑦
   초록색 조각: ②, ⑤, ⑥
   노란색 조각: ③, ④

06 공을 종류에 따라 축구공, 야구공, 배구공, 농구공으로 분류하여 수를 세어 봅니다.
   축구공: 5개, 야구공: 6개,
   배구공: 3개, 농구공: 4개
   ⇨ 가장 많은 공은 야구공입니다.

2주 2일

필수 체크 전략 1 40~43쪽

1-1 색연필   1-2 세현

2-1 다   2-2 가

3-1 5 cm   3-2 6 cm

4-1 약 7 cm

5-1 ㉡

6-1 ㋀

7-1

모양	▱ 모양	⬭ 모양	◯ 모양
세면서 표시하기	卌 卌	卌 卌	卌 卌
물건 수 (개)	6	5	2

1-1 4>3으로 잰 횟수가 많은 물건은 색연필입니다.
   ⇨ 색연필의 길이가 더 짧습니다.

1-2 19>16으로 잰 횟수가 많은 사람은 세현이 입니다.

⇨ 세현이의 한 걸음의 길이가 더 짧습니다.

2-1 가장 작은 한 칸을 단위길이로 생각하고 각각의 칸 수를 세어 봅니다.

가: 5칸, 나: 4칸, 다: 6칸

⇨ 6>5>4로 다의 길이가 가장 깁니다.

2-2 가: 8칸, 나: 6칸, 다: 7칸

⇨ 8>7>6으로 가의 길이가 가장 깁니다.

3-1 크레파스의 한쪽 끝이 눈금 3에, 다른 쪽 끝이 8에 맞추어져 있습니다.

⇨ 크레파스의 길이는 8-3=5 (cm)입니다.

3-2 막대 사탕의 한쪽 끝이 눈금 4에, 다른 쪽 끝이 10에 맞추어져 있습니다.

⇨ 막대 사탕의 길이는 10-4=6 (cm)입니다.

4-1 치약의 한쪽 끝을 자의 눈금 0에 맞추었을 때, 다른 쪽 끝이 7에 가깝습니다.

⇨ 치약의 길이는 약 7 cm입니다.

5-1 왼쪽에 있는 칸부터 차례로 구멍이 2개, 3개, 4개인 단추를 분류한 것입니다.

⇨ 분류한 기준으로 알맞은 것은 ⓒ 구멍 수입니다.

6-1 누름 못을 색깔에 따라 노란색과 보라색으로 분류한 것입니다.

Ⓐ은 노란색인데 보라색으로 분류되어 있으므로 잘못 분류된 것입니다.

7-1

⬛ 모양에 □표, ⬭ 모양에 △표, ⬤ 모양에 ○표를 하고, 그 수를 세어 보면 각각 6개, 5개, 2개입니다.

필수 체크 전략 ②		44~45쪽

01 영도 **02** 나, 다, 가

03 노란, 1 **04** 약 7 cm

05 ㉠ **06** ⑤

07

금액	십 원	백 원	오백 원
세면서 표시하기	洋洋 川	洋丌 川	洋 川
수(개)	8	5	4

01 걸음 수가 많을수록 한 걸음의 길이가 짧습니다.

세 사람의 걸음 수를 비교하면 13>12>10이므로 걸음 수가 가장 많은 영도의 한 걸음의 길이가 가장 짧습니다.

02 가: 7칸, 나: 9칸, 다: 8칸

⇨ 9>8>7이므로 길이가 가장 긴 색 테이프부터 차례로 기호를 쓰면 나, 다, 가입니다.

03 분홍색 분필: 1 cm가 4번 → 4 cm

노란색 분필: 1 cm가 5번 → 5 cm

⇨ 4<5이므로 노란색 분필이
5-4=1 (cm) 더 깁니다.

04 나뭇잎의 한쪽 끝이 눈금 2에 맞추어져 있고, 다른 쪽 끝은 9에 가까이 있습니다.

⇨ 나뭇잎의 길이는 약 9-2=7 (cm)입니다.

05 왼쪽에 있는 칸부터 차례로 □ 모양, ○ 모양, △ 모양 표지판을 분류한 것이므로 분류한 기준으로 알맞은 것은 ㉠ 모양입니다.

06 젤리를 색깔에 따라 빨간색, 파란색, 연두색으로 분류한 것입니다. ⑤는 연두색인데 파란색으로 분류되어 있으므로 잘못 분류된 것입니다.

07

십 원에 □표, 백 원에 △표, 오백 원에 ○표를 하고, 그 수를 세어 보면 각각 8개, 5개, 4개입니다.

2주 3일

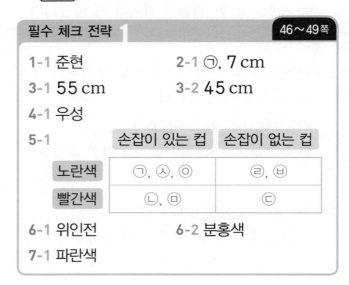

필수 체크 전략 1		46~49쪽

1-1 준현

2-1 ㉠, 7 cm

3-1 55 cm

3-2 45 cm

4-1 우성

5-1

	손잡이 있는 컵	손잡이 없는 컵
노란색	㉠, ㉆, ㉀	㉣, ㉅
빨간색	㉡, ㉁	㉢

6-1 위인전

6-2 분홍색

7-1 파란색

1-1 잰 횟수가 5번으로 모두 같으므로 단위길이를 긴 것부터 차례로 쓰면 지팡이, 뼘, 건전지입니다.

⇨ 가장 긴 털실을 가지고 있는 사람은 준현이입니다.

2-1 네 변의 길이를 비교하면 ㉠>㉢>㉡>㉣이므로 가장 긴 변은 ㉠이고, 그 길이를 재면 7 cm입니다.

3-1 책상의 긴 쪽의 길이는 혜수의 한 뼘의 길이를 5번 더한 길이와 같습니다.

⇨ (책상의 긴 쪽의 길이)
= 11+11+11+11+11
= 55 (cm)

3-2 서랍장의 높이는 볼펜의 길이를 3번 더한 길이와 같습니다.

⇨ (서랍장의 높이)
= 15+15+15=45 (cm)

4-1 색 테이프의 실제 길이와 어림한 길이의 차가 작을수록 가깝게 어림한 것입니다.

실제 색 테이프의 길이를 자로 재어 보면 6 cm 입니다.

실제 길이와 어림한 길이의 차가

다희는 7-6=1 (cm),

종원이는 6-3=3 (cm),

우성이는 6-6=0 (cm)입니다.

따라서 가장 가깝게 어림한 사람은 우성이입니다.

5-1 • 손잡이가 있는 노란색 컵: ㉠, ㉦, ㉧

• 손잡이가 없는 노란색 컵: ㉣, ㉫

• 손잡이가 있는 빨간색 컵: ㉡, ㉭

• 손잡이가 없는 빨간색 컵: ㉢

6-1 책 수를 비교하면 24>12>8>6입니다.

따라서 가장 많은 책은 24권인 위인전입니다.

6-2 화분 수를 비교하면 11>10>9>4입니다.

따라서 가장 많은 색깔은 11개인 분홍색입니다.

7-1

색깔	빨간색	파란색	초록색	노란색
학생 수(명)	5	8	6	5

좋아하는 색깔별로 분류하여 비교하면 파란색이 8명으로 가장 많은 학생들이 좋아합니다.

따라서 반 티를 파란색으로 해야 합니다.

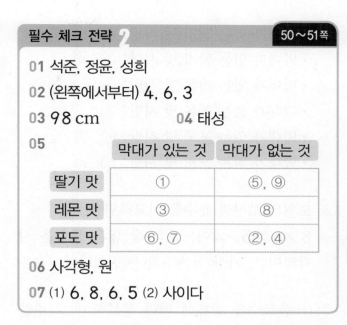

필수 체크 전략 2 50~51쪽

01 석준, 정윤, 성희

02 (왼쪽에서부터) 4, 6, 3

03 98 cm   **04** 태성

05

	막대가 있는 것	막대가 없는 것
딸기 맛	①	⑤, ⑨
레몬 맛	③	⑧
포도 맛	⑥, ⑦	②, ④

06 사각형, 원

07 (1) 6, 8, 6, 5 (2) 사이다

01 잰 횟수가 3번으로 모두 같으므로 단위길이를 긴 것부터 차례로 쓰면 야구방망이, 뼘, 성냥개비입니다.

따라서 길이가 긴 끈을 가지고 있는 사람부터 차례로 이름을 쓰면 석준, 정윤, 성희입니다.

02 각 변의 한쪽 끝을 자의 눈금 0에 맞추고 다른 쪽 끝에 있는 눈금을 읽어 길이를 구합니다.

세 변의 길이가 각각 6 cm, 4 cm, 3 cm 인 삼각형입니다.

03 학급 게시판의 긴 쪽의 길이는 가위의 길이를 7번 더한 길이와 같습니다.

⇨ (학급 게시판의 긴 쪽의 길이)

=14+14+14+14+14+14+14

=98 (cm)

04 주희가 자른 종이테이프의 길이: 약 5 cm

태성이가 자른 종이테이프의 길이: 약 6 cm

따라서 6 cm에 더 가깝게 어림한 사람은 태성이입니다.

05 • 막대가 있는 딸기 맛 사탕: ①
　　• 막대가 없는 딸기 맛 사탕: ⑤, ⑨
　　• 막대가 있는 레몬 맛 사탕: ③
　　• 막대가 없는 레몬 맛 사탕: ⑧
　　• 막대가 있는 포도 맛 사탕: ⑥, ⑦
　　• 막대가 없는 포도 맛 사탕: ②, ④

06 도형의 모양별 개수를 비교하면
　　$8>6>5>4$이므로 가장 많은 도형은 사각형이고, 가장 적은 도형은 원입니다.

07 (1) 음료수를 종류에 따라 분류하여 그 수를 세어 보면 콜라가 6개, 사이다가 8개, 우유가 6개, 주스가 5개입니다.
　　(2) 사이다가 가장 많이 팔렸으므로 사이다를 더 준비해야 합니다.

누구나 만점 전략　　52~53쪽

01 머리핀　　　　**02** 가
03 약 3 cm　　　**04** 지현
05 나윤　　　　　**06** ㉡
07 ㉠
08

	파란색	보라색	노란색
지우개	①, ⑤	③	⑨
색연필	⑦	②, ⑧	④, ⑥

09

모양	□ 모양	△ 모양	○ 모양
세면서 표시하기	̸̸̸̸̸	̸̸̸̸̸	̸̸̸̸̸
단추 수 (개)	5	3	4

10 흰색

---

01 잰 횟수가 많을수록 단위의 길이가 짧습니다.
　　⇨ $4<7$이므로 머리핀의 길이가 더 짧습니다.

02 가: 8칸, 나: 5칸, 다: 7칸
　　⇨ $8>7>5$로 가의 길이가 가장 깁니다.

03 옷핀의 한쪽 끝을 자의 눈금 0에 맞추었을 때, 다른 쪽 끝이 3에 가깝습니다.
　　⇨ 옷핀의 길이는 약 3 cm입니다.

04 잰 횟수가 8번으로 모두 같으므로 단위길이를 긴 것부터 차례로 쓰면 목도리, 신발, 지우개입니다.
　　따라서 가장 긴 철사를 가지고 있는 사람은 지현이입니다.

05 실제 길이와 어림한 길이의 차가 작을수록 가깝게 어림한 것입니다.
　　실제 열쇠의 길이를 자로 재어 보면 4 cm이므로 실제 길이와 어림한 길이의 차가
　　은서는 $7-4=3$ (cm),
　　나윤이는 $5-4=1$ (cm),
　　은결이는 $6-4=2$ (cm)입니다.
　　⇨ 가장 가깝게 어림한 사람은 나윤이입니다.

06 왼쪽에 있는 칸부터 차례로 ○ 모양, ☆ 모양, ♡ 모양인 쿠키를 분류한 것이므로 분류한 기준으로 알맞은 것은 ㉡ 모양입니다.

07 도형을 색깔에 따라 파란색과 주황색으로 분류한 것입니다.
　　㉠은 주황색인데 파란색으로 분류되어 있으므로 잘못 분류된 것입니다.

08
- 파란색 지우개: ①, ⑤
- 보라색 지우개: ③
- 노란색 지우개: ⑨
- 파란색 색연필: ⑦
- 보라색 색연필: ②, ⑧
- 노란색 색연필: ④, ⑥

09 모양별로 수를 세어 보면 ☐ 모양은 **5**개, △ 모양은 **3**개, ○ 모양은 **4**개입니다.

10 색깔별 접시 수를 비교하면 6 > 5 > 4 > 2 이므로 가장 많은 색깔은 **6**개인 흰색입니다.

창의 · 융합 · 코딩 전략 54~57쪽

01 얼룩말, **7**번

02

03 병원 **04** 30 cm

05 13, 11, 6

06 (1) 맑은에 ○표, 13 (2) 비 온에 ○표, 6

07 ㉡, ㉯

08

---

01 각 동물이 지나간 회색 점선의 칸 수를 세어 보면 다음과 같습니다.
코끼리: 5칸, 원숭이: 6칸, 사자: 6칸,
기린: 5칸, 양: 6칸, 얼룩말: 7칸,
하마: 5칸, 코뿔소: 6칸
⇨ 도착할 때까지 이동한 거리가 가장 긴 동물은 얼룩말이고, 이동한 거리는 클립으로 7번입니다.

03 수연이네 집에서 남쪽으로 3칸, 동쪽으로 2칸 떨어진 곳에 있는 건물을 찾으면 병원입니다.

04 집에서 마트까지의 거리: 3칸 ⇨ 15 cm
마트에서 학교까지의 거리: 3칸 ⇨ 15 cm
따라서 지도에서 이동한 거리는
15 + 15 = 30 (cm)입니다.

05 날씨에 따라 맑은 날, 흐린 날, 비 온 날에 각각 다른 표시를 하여 수를 세어 봅니다.

06 13 > 11 > 6으로 맑은 날이 가장 많았고, 비 온 날이 가장 적었습니다.

07 ①: 다리가 4개인 동물 ⇨ ㉠, ㉢, ㉯
②: 다리가 4개가 아니고 물에서 활동하는 동물 ⇨ ㉣, ㉤, ㉧
③: 다리가 4개가 아니고 물에서 활동하지 않는 동물 ⇨ ㉡, ㉨

08 초록색 풍선을 들고 있는 사람을 모두 찾고, 그중 여자이면서 안경을 쓴 사람에 ○표 합니다.

신유형·신경향·서술형 전략 60~63쪽

01 7개   **02** 예

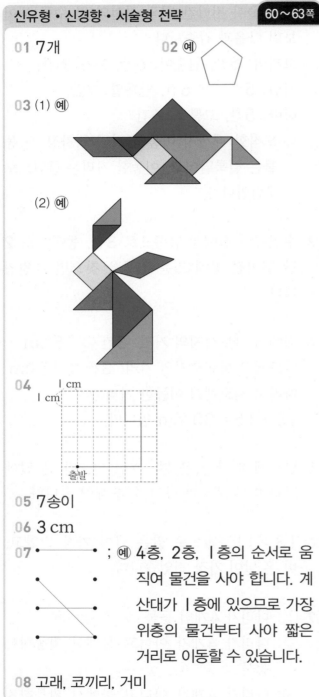

03 (1) 예

(2) 예

04
I cm
I cm

출발

05 7송이

06 3 cm

07 ●——● ; 예 4층, 2층, I층의 순서로 움
직여 물건을 사야 합니다. 계
산대가 I층에 있으므로 가장
위층의 물건부터 사야 짧은
거리로 이동할 수 있습니다.

08 고래, 코끼리, 거미

01

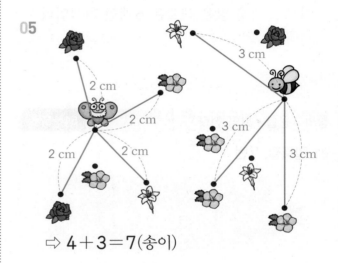

⇨ 7개

02 두 도형의 변의 수의 합이 6+0=6(개),
3+4=7(개), 4+4=8(개), 6+3=9(개)
로 I개씩 늘어나는 규칙입니다.
오각형과 ☐ 안의 도형의 변의 수의 합이
I0개여야 하므로 ☐ 안에는 변이 5개인 오
각형을 그려 넣습니다.

04 오른쪽으로 4칸만큼 선을 긋습니다.
⇨ 위쪽으로 3칸만큼 선을 긋습니다.
⇨ 왼쪽으로 I칸만큼 선을 긋습니다.
⇨ 위쪽으로 2칸만큼 선을 긋습니다.

05

⇨ 4+3=7(송이)

06 (종이테이프 전체의 길이)
=7+7+7=2I (cm)
⇨ 못 한 개의 길이를 ☐cm라 하면
☐+☐+☐+☐+☐+☐+☐=2I
이므로 ☐=3입니다.

08 주어진 것 중에 동물을 찾으면 고래, 코끼리,
독수리, 갈매기, 나비, 거미입니다. 도도는
하늘을 날아다니지 않으므로 이 중에서 하늘
을 날아다니는 것을 빼면 고래, 코끼리, 거미
입니다.

01 15개   **02** 12개

03 (예)
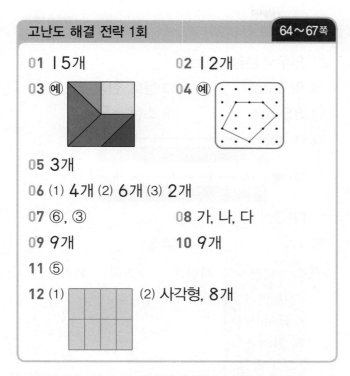

04 (예)

05 3개

06 (1) 4개 (2) 6개 (3) 2개

07 ⑥, ③   **08** 가, 나, 다

09 9개   **10** 9개

11 ⑤

12 (1) (2) 사각형, 8개

---

01 왼쪽부터 오각형, 사각형, 육각형입니다.
변의 수가 오각형은 5개, 사각형은 4개, 육각형은 6개이므로 세 도형의 변의 수의 합은 5+4+6=15(개)입니다.

02 왼쪽 모양: 1층에 5개, 2층에 2개 → 7개
오른쪽 모양: 1층에 5개, 2층에 1개 → 6개
⇨ 25-7-6=12(개)

03 주어진 조각 5개를 이용하여 사각형을 만듭니다.

04 왼쪽 도형의 꼭짓점은 4개이므로 사각형입니다.
따라서 오른쪽에는 꼭짓점이 5개인 오각형을 그려야 합니다.
도형의 안쪽에 점이 5개 있는 오각형을 그립니다.

05 왼쪽 모양은 쌓기나무 7개로 만든 모양이고, 오른쪽 모양은 쌓기나무 4개로 만든 모양이므로 쌓기나무는 7-4=3(개)를 빼야 합니다.

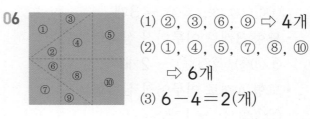

06
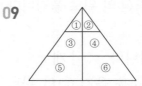
(1) ②, ③, ⑥, ⑨ ⇨ 4개
(2) ①, ④, ⑤, ⑦, ⑧, ⑩
     ⇨ 6개
(3) 6-4=2(개)

07 왼쪽 모양과 오른쪽 모양을 비교하여 어느 부분의 위치가 변했는지 확인합니다.

08 가: 1층에 3개, 2층에 1개 → 4개
나: 1층에 3개, 2층에 1개, 3층에 1개 → 5개
다: 1층에 5개, 2층에 1개 → 6개
⇨ 4<5<6이므로 똑같은 모양으로 쌓을 때 쌓기나무가 적게 필요한 것부터 차례로 기호를 쓰면 가, 나, 다입니다.

09

• 도형 1개로 이루어진 사각형:
③, ④, ⑤, ⑥ → 4개
• 도형 2개로 이루어진 사각형:
③④, ⑤⑥, ③⑤, ④⑥ → 4개
• 도형 4개로 이루어진 사각형:
③④⑤⑥ → 1개
⇨ 4+4+1=9(개)

BOOK 2

10

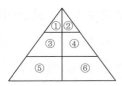

- 도형 **1**개로 이루어진 삼각형:
  ①, ② → **2**개
- 도형 **2**개로 이루어진 삼각형:
  ①②, ①③, ②④ → **3**개
- 도형 **3**개로 이루어진 삼각형:
  ①③⑤, ②④⑥ → **2**개
- 도형 **4**개로 이루어진 삼각형:
  ①②③④ → **1**개
- 도형 **6**개로 이루어진 삼각형:
  ①②③④⑤⑥ → **1**개

⇨ **2**+**3**+**2**+**1**+**1**=**9**(개)

11

① ㉠을 ㉢의 앞으로, ㊀을 ㉥의 앞으로 옮
  깁니다. ⇨ **2**개
② ㉠을 ㊀의 옆으로 옮깁니다. ⇨ **1**개
③ ㉱을 ㉠의 위로, ㊀을 ㉥의 위로 옮깁니다.
  ⇨ **2**개
④ ㉱을 ㉢의 위로 옮깁니다. ⇨ **1**개
⑤ ㉢을 ㊀의 옆으로, ㉱을 옮긴 ㉢의 뒤로,
  ㉠을 옮긴 ㉱의 옆으로 옮깁니다. ⇨ **3**개
따라서 쌓기나무를 가장 많이 옮겨야 만들
수 있는 모양은 ⑤입니다.

12 (2) 접힌 선을 따라 자르면 사각형이 **8**개 만
  들어집니다.

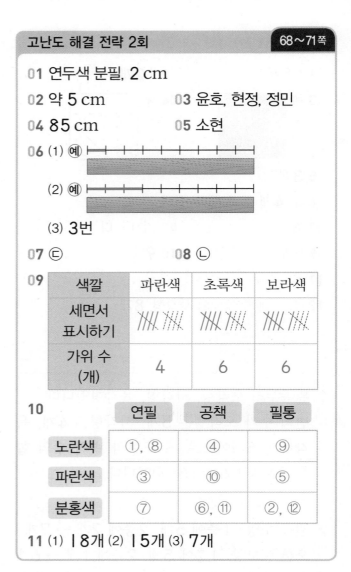

고난도 해결 전략 2회 68~71쪽

01 연두색 분필, **2** cm

02 약 **5** cm **03** 윤호, 현정, 정민

04 **85** cm **05** 소현

06 (1) 예

(2) 예

(3) **3**번

07 ㉢ **08** ㉡

09

색깔	파란색	초록색	보라색
세면서 표시하기	𝍺𝍺	𝍺𝍺	𝍺𝍺
가위 수 (개)	4	6	6

10

	연필	공책	필통
노란색	①, ⑧	④	⑨
파란색	③	⑩	⑤
분홍색	⑦	⑥, ⑪	②, ⑫

11 (1) **18**개 (2) **15**개 (3) **7**개

01 연두색 분필은 **1** cm가 **5**번이므로 **5** cm입
  니다.
  분홍색 분필은 **1** cm가 **3**번이므로 **3** cm입
  니다.
  ⇨ **5**>**3**이므로 연두색 분필이
  5-**3**=**2** (cm) 더 깁니다.

02 건전지의 한쪽 끝이 눈금 **3**에 맞추어져 있고,
  다른 쪽 끝은 **8**에 가까이 있습니다.
  ⇨ 건전지의 길이는 약 **8**-**3**=**5** (cm)입
  니다.

03 잰 횟수가 **3**번으로 모두 같으므로 단위길이를 긴 것부터 차례로 쓰면 다리 길이, 신발, 새끼손가락입니다.
따라서 길이가 긴 철사를 가지고 있는 사람부터 차례로 이름을 쓰면 윤호, 현정, 정민이입니다.

04 책장의 긴 쪽의 길이는 동화책 짧은 쪽의 길이를 **5**번 더한 길이와 같습니다.
$\Rightarrow$ (책장의 긴 쪽의 길이)
$= 17 + 17 + 17 + 17 + 17$
$= 85 \,(\text{cm})$

05 소현이가 자른 색 테이프의 길이: **5 cm**
주민이가 자른 색 테이프의 길이: **2 cm**
따라서 **4 cm**에 더 가깝게 어림한 사람은 소현이입니다.

06 ⑶ 단위길이 ㉯는 단위길이 ㉮를 **3**번 이은 길이와 같습니다.
$\Rightarrow$ 단위길이 ㉯는 단위길이 ㉮로 **3**번입니다.

07 왼쪽에 있는 칸부터 차례로 노란색, 초록색, 보라색으로 분류한 것이므로 분류한 기준으로 알맞은 것은 ㉢ 색깔입니다.

08 물건을 모양에 따라 ⬭ 모양, ⬛ 모양, ⬛ 모양으로 분류한 것입니다.
㉡은 ⬛ 모양인데 ⬭ 모양으로 분류되어 있으므로 잘못 분류된 것입니다.

09

파란색 가위에 □표, 초록색 가위에 △표, 보라색 가위에 ○표를 하고, 그 수를 세어 보면 각각 **4**개, **6**개, **6**개입니다.

10
- 노란색 연필: ①, ⑧
- 노란색 공책: ④
- 노란색 필통: ⑨
- 파란색 연필: ③
- 파란색 공책: ⑩
- 파란색 필통: ⑤
- 분홍색 연필: ⑦
- 분홍색 공책: ⑥, ⑪
- 분홍색 필통: ②, ⑫

11 ⑴ 모양별로 분류한 결과를 보면 단추는 모두
$12 + 6 = 18$(개)입니다.
⑵ 전체 단추 수에서 구멍이 **3**개인 단추 수를 빼면 구멍이 **2**개인 단추와 구멍이 **4**개인 단추 수의 합과 같습니다.
$\Rightarrow 18 - 3 = 15$(개)
⑶ 구멍이 **4**개인 단추를 □개라 하면 구멍이 **2**개인 단추는 (□+1)개이므로
□+□+1=15, □+□=14, □=7 입니다.
따라서 구멍이 **4**개인 단추는 **7**개입니다.

수학 문제해결력 강화 교재

AI인공지능을 이기는 인간의 **독해력 + 창의·사고력 UP**

수학도
독해가 힘이다

새로운 유형

문장제, 서술형, 사고력 문제 등
까다로운 유형의 문제를
쉬운 해결전략으로 연습

취약점 보완

연산·기본 문제는 잘 풀지만,
문장제나 사고력 문제를 힘들어하는
학생들을 위한 맞춤 교재

체계적 시스템

문제해결력 – 수학 사고력 –
수학 독해력 – 창의·융합·코딩으로
이어지는 체계적 커리큘럼

수학도 독해가 필수!
(초등 1~6학년/학기용)

정답은
이안에
있어!